就讓狗狗做自己

一本教你如何給狗兒最佳生活的實務指南

「本書善用犬科學，幫助飼主將惻隱之心帶進生活」

—亞歷姍卓．霍洛維茲 (ALEXANDRA HOROWITZ)，《狗兒的內在世界》*(Inside of a Dog)*、《嗅聞高手》*(Being a Dog)* 作者。

關於作者

馬克 · 貝考夫
Marc Bekoff

馬克 · 貝考夫為美國科羅拉多州大學波德分校的生態學與演化生物學 (Ecology and Evolutionary Biology at the University of Colorado, Boulder) 榮譽教授，他也是動物行為學會 (Animal Behavior Society) 會員，因其在動物行為領域的長期貢獻獲頒該會典範獎，曾獲選為古根漢會士 (Guggenheim Fellow)。馬克編寫過超過 30 本書，最新著作為《動物的訴求》(The Animal's Agenda: Freedom, Compassion, and Coexistence in the Human Age，暫譯) 與《犬犬機密》(Canine Confidential: Why Dogs Do What They Do，暫譯)。此外，因長期幫助兒童、老年人與受刑人，馬克於 2005 年獲得第一銀行教職員社區服務獎 (Bank One Faculty Community Service Award)，至今仍致力於此。2009 年獲紐西蘭 SPCA 頒發聖方濟各獎 (St. Francis of Assisi Award)，1986 年成為首位於 Tour de Haut Var 自行車賽 (亦稱大師 / 分齡環法賽) 中於該年齡組別獲勝的美國人。

個人網站：marcbekoff.com。

關於作者

潔西卡・皮爾斯
Jessica Pierce

潔西卡・皮爾斯是美國科羅拉多州大學安舒茨醫學院生物倫理與人文中心 (Center for Bioethics and Humanities, University of Colorado Anschutz Medical School) 的兼任教師，著有《我們的最後旅程》(The Last Walk: Reflections on Our Pets at the End of Their Lives，暫譯) 以及《學會愛你的寵物伴侶》(Run, Spot, Run: The Ethics of Keeping Pets) 等共 9 本書。她的文章見於紐約時報、華爾街日報、衛報，也常為《今日心理學》(Psychology Today) 撰文。
個人網站：jessicapierce.net。

推薦序

「馬克．貝考夫與潔西卡 ． 皮爾斯總是以狗的觀點出發，《就讓狗狗做自己》是一本學術著作，同時也是狗兒的人類同伴必讀佳作。本書讓人類同伴有機會透過狗的眼睛 — 嗯，其實是透過狗的鼻子與耳朵來體驗生活，促進人類同伴對於狗的理解，也能提昇狗的生活品質。我愛這本書。」

— 伊恩．鄧巴博士 (Ian Dunbar)

《Before and After Getting Your Puppy》作者

「本書充滿洞見、刺激想法，提供關於狗兒內心生活的資訊，極富教育性卻又容易閱讀。馬克．貝考夫與潔西卡．皮爾斯破除迷思 （比如狗不會感到嫉妒，其實會的），解釋為何不上牽繩的時光，以及能運用非凡感官的時刻對於犬類夥伴的福祉如此重要，畢竟他們基本上生活在圈養的環境中，對於任何希望瞭解狗，想要與生活中的狗兒建立和諧關係的人來說，本書絕屬必讀之作。」

— 麗莎．坦津 - 多爾馬 (Lisa Tenzin-Dolma)

作家與國際犬類心理及行為學校校長

「想像一下狗兒挺身而出告訴你如何給他們最美好的生活，雖然現實中他們無法這麼做，抑或是說要翻譯狗語有點困難，但馬克．貝考夫與潔西卡·皮爾斯做到了。本書善用犬科學，幫助飼主將惻隱之心帶進生活。」

－ 亞歷姍卓．霍洛維茲 （Alexandra Horowitz）

巴納德學院犬認知實驗室 (Dog Cognition Lab at Barnard College) 主任，
《Inside of a Dog: What Dogs See, Smell, and Know》、
《嗅聞高手》(Being a Dog: Following the Dog Into a World of Smell) 作者

「馬克．貝考夫與潔西卡．皮爾斯兩位都是超級懂狗、滿腹狗知識又對狗友善的博士級人物，這個雙人團隊幫助我們瞭解狗兒，為狗兒提供最適當的生活。本書精采萬分，作者鼓勵我們從狗的觀點來思考養狗這件事，換句話說就是得設身處地。書中內容可確保你的狗兒有個一輩子安身立命的家，還能過著備受關愛和同理的生活。為這本傑作舉起兩隻腳掌比讚！本書以寓教於樂的方式提供容易閱讀的資訊，有助各地的狗兒與飼主活出更豐富的生活。」

－ 尼古拉斯．杜德曼博士 (Dr. Nicholas H. Dodman)

塔夫茨大學 (Tufts University) 榮譽教授及
《戀戀情深的狗》(The Dog Who Loved Too Much)、
《The Well-Adjusted Dog 》作者

「要豐富狗兒的生活，讀《就讓狗狗做自己》就對了。馬克·貝考夫與潔西卡·皮爾斯基於最新科學研究提出實務建議，讓我們看到狗兒如何運用感官與身體在人類主導的世界裡盡情生活。這本容易閱讀的指南會啟發世界各地的愛狗人，讀來也富含樂趣。」

－ 獸醫師馬提·貝克 (Dr. Marty Becker, DVM)

《那些動物教我的事》(The Healing Power of Pets)、
《Your Dog: The Owner's Manual》作者

「本書資訊豐富又啟發人心。我們嘴上老說愛狗，但卻又近乎囚禁般地圈養他們，動物行為學家馬克．貝考夫與倫理學家潔西卡．皮爾斯在本書探索了改善狗兒生活的方法。本書不但對每一位已經養狗或是正打算養狗的人都有幫助，對狗也是如此。解放狗兒的同時，讀者可能會發現他們也解放了自己，就如狗兒自由奔跑一樣，讓自己重新享受一些小確幸。」

— 馬克．德爾 (Mark Derr)

《狗狗最佳好友》(Dog's Best Friend)、《Dog's History of America》、《How the Dog Became the Dog》等書作者

「身處現代的我們常忘記，不管我們做什麼，都無法改變狗兒是人類最好的朋友這個事實！馬克．貝考夫與潔西卡．皮爾斯讓所有飼主大開眼界，清楚看到這個事實。」

— 亞當．明洛斯基博士 (Dr. Ádám Miklósi)

匈牙利羅蘭大學 (Eötvös Loránd University) 動物行為學主任及 Family Dog Project 計畫主持人

「這不僅是另一本關於狗兒的書，更是一份狗兒宣言！《就讓狗狗做自己》由兩位才華洋溢的專家合著，不但解釋狗兒到底想要什麼，還說明箇中原因。為了你的狗兒，一定要讀這本書！」

— 莎伊．蒙哥馬利 (Sy Montgomery)

《章魚的內心世界》(The Soul of an Octopus)、《動物教我成為更好的人》(How to Be a Good Creature) 作者

目錄

關於作者 1

推薦序 3

引言：受到囚禁的狗兒 11

「受到囚禁」是什麼意思？ 13

放下牽繩，自由更多 17

精通狗語 21

推己及狗 29

盡可能賦予狗兒最佳生活 31

自由實務指南：運用感官，增強知覺

嗅　覺 45

讓狗兒嗅聞！ 47

尿尿郵件的重要 48

讓他們滾滾 50

保護他們的氣味身份：避免狗香水和除臭劑 50

避免嗅覺過載 51

屁股：犬類關鍵通訊中心 52

打嗝、放屁和嘴巴氣息 53

味　覺 59
讓他們吃義大利麵 60
味覺輔助嗅覺：狗兒的「第二鼻」 62
吃噁心的東西：野宴 63
永遠要提供新鮮的水 65
讓口水飛 68
為食物而努力的喜悅 69
以適合自家狗兒的方式提供食物 73
幫狗狗維持健康又勻稱的體態 73
啃咬的重要 76

觸　覺 81
項圈與牽繩：控制和自由，該如何平衡 82
帶狗散步：從事活動、時光共享、權力拉扯 85
解放你的狗兒：給予充足的放繩時間 89
扶植狗兒的友誼 92
瞭解狗兒的摸摸喜好 94
表露情感：擁抱與舔舔 97
絕妙好鬚 97
狗兒喜歡眾樂樂 99
狗兒也需要獨樂樂 102

視　覺 105
讓狗與狗的互動自然流暢 107
尾巴告訴我們的事 109
狗耳會「說話」 111
面對事實：表情很重要 112
狗狗在看你：非語言溝通與情緒商數 113

聽　覺 119
吠叫與低吼：狗的語言 121
哀鳴與嗚咽：求救信號 123
兒語與狗兒 125
降低音量：保護狗兒的聽力 126
注意聲音恐懼症 127
狗兒需要的是你，不是廣播 129

遊　戲：感官的萬花筒 133
狗兒如何玩遊戲 134
遊戲的重要 135
遊戲即獎勵：所有遊戲都是好遊戲 137

狗兒的狀態與未來 143
作者致謝 145
參考書目 146

引　言

受囚禁的狗兒

《就讓狗狗做自己》是一本實務指南，讓我們與狗兒以能夠提昇人與狗生活品質的方式相處，增加狗兒的自由，讓狗當狗。

牽繩象徵了我們與狗兒同伴之間的複雜關係，它讓我們與狗相連，各處牽繩一端。對於人類來說，牽繩代表與狗兒一塊兒進入外面的世界，給他們時間嗅聞、奔跑、玩耍、追逐、作樂、打滾、尿尿、大便、騎乘(humping)，以及用其它方式表達自己。對於狗兒，牽繩可能代表以上事物，但也代表限制自由的枷鎖，因為牽繩是我們施加控制的方式。牽繩保證狗兒遵守我們的規則，只能在我們允許的時候去我們允許的地點，放下狗兒的牽繩意味著找到讓他們生活更自由的方式。

多數選擇與狗兒共享家與愛的人，都盡力為狗兒同伴提供美好的生活。我們問過好些人，想知道他們覺得對狗兒最重要的是什麼，最常聽到的兩個答案是：「我想讓狗可以好好當狗」、「希望我的狗可以快樂」，這兩項重點彼此有密切關係。大部分的人希望狗兒可以表現出狗的行為，以狗兒的標準獲得滿足，以及能夠「做自己」。這點很重要，因為我們常常要求寵物狗做一些不像狗的事情，忽略了他們的狗兒天性。比如說，我們要求狗兒在家連續獨坐數小時，要求他們在牽繩另一端慢慢走，而沒有讓他們這裡衝那裡跑，給他們自己決定什麼值得嗅聞或探索一番。

我們還要求狗兒不要吠叫、不要追逐、不要騎乘、不要去聞其他狗兒的屁股。愛狗人會希望自己的狗兒快樂，狗兒若要快樂，就需要獲得身為狗的自由。自由越多，快樂越多。

以瑪麗蓮和她救援的狗戴米恩為例，帶戴米恩回家後不到一天，瑪麗蓮說她就發現自己「接了樁艱鉅的任務」。瑪麗蓮完全低估了要迎接這位狗兒夥伴所需做出的改變，她沒有預料到，要滿足戴米恩所需所想是一份很大很重的承諾，她手足無措，不知該如何是好。她自己的生活都有所限制，又該如何賦予這隻帥狗狗最棒的生活呢？瑪麗蓮瞭解狗兒行為以後，很快發現必須得做調整，放棄一些自己的「堅持」，才能滿足戴米恩的需求。戴米恩的生活完全仰賴瑪麗蓮，但瑪麗蓮也逐漸看到，為了讓戴米恩享受最多自由而做的調整其實也豐富了她自己的生活。雖然她一開始覺得種種改變是種犧牲，但後來才知道那根本不算什麼，因為戴米恩的回應讓她明白一切都值得了。幾個月過去，瑪麗蓮說她和戴米恩是全世界最快樂的一對夥伴。她承認有時會被逼到極限，這時戴米恩對她的「人類本性」所展現出的寬容就顯得非常重要。戴米恩好像能瞭解瑪麗蓮已經盡力了，知道她希望他能當隻快樂的狗。

吉姆和他所救援的年輕米克斯茉莉也有類似的經驗，不同的是茉莉過去曾遭受嚴重的虐待。吉姆說：「我認識的貓狗或人類裡頭，她是我遇過最沒安全感的個體。」然而，一旦吉姆瞭解他是茉莉的唯一希望，他的想法就改變了。吉姆努力幫助茉莉和他一起適應生活，他倆的關係從原本充滿了不確定，緩慢轉化為互相尊重與信任的關係。茉莉讓吉姆瞭解到狗兒適應人類環境時經常遇到困難，特別是過去和人類照護者之間有過不良經驗的狗兒。

狗兒同伴是被圈養的動物，他們的生理、情緒、社會需求幾乎完全仰賴人類。這並不代表狗兒在人類家庭就無法快樂，而是表示人類常常需要做出很多努力來確保狗兒同伴與家裡其他同伴能盡量保有自由生活。幸運的是，不論是實際放下牽繩，還是放下牽繩這樣的精神，對於所有參與其中的個體來說都是個有趣的經歷。

「受到囚禁」是什麼意思？

狗兒常被刻劃為人類大家庭當中逍遙自在、無憂無慮的成員。的確，「好狗命」(It's a dog's life) 有時用以描述懶散享樂的日子，畢竟除了受過訓練的工作犬，我們的狗兒同伴做的事不外乎睡覺、發懶、吃飯、玩耍以及與朋友閒晃。還有比這更輕鬆的生活嗎？特別是一日數次的餐點都有人穩妥地送到面前？我們想告訴各位，居家狗兒的生活不見得都愜意有趣，身為人類的同伴，狗兒也必須做出一些重要妥協。為了適應人類環境與期望，狗兒必須犧牲掉一些「狗兒本性」(dogness)。縱使我們盡力提供好生活，但我們常在沒有意識到的狀況下要求狗活得像人，而非活得像狗。不過，為了讓狗兒**當狗**，甚至是鼓勵他們當狗，我們需要瞭解狗兒真正的自我，以及如何幫助他們在我們的世界表達狗兒本性。

保育生物學家蘇珊 · 湯森 (Susan Townsend) 是馬克在美國科羅拉多州大學波德分校指導的最後一位博士生，她聽聞本書時曾告訴馬克，每次回家見到名為安琪的吉娃娃米克斯時，她都會問：「小囚犯你過得如何呀？」蘇珊的招呼語雖然是個友善的玩笑，但也反映了一個重要現實[1]。

我們的同伴動物「受到囚禁」的方式並非像動物園裡被關在柵欄後的老虎或大猩猩那般，他們不像野生物種從自然棲息地被帶到籠裡或人工環境中違反其意願而囚禁。但從重要的角度來看，像安琪這樣的狗兒同伴也是受到囚禁的動物，而我們就是挾持他們的人。或許「受囚者與挾持者」(captives and captors) 聽起來很誇張又太負面，畢竟人狗相處時光大部分都很美好，是一段雙方都相當愉快的跨物種關係。但請花一分鐘思考一下，寵物狗在人類家裡與人類主導的世界中要面對哪些限制。

定義：受囚者 (captive)

根據線上語源學字典，受囚者這個名詞意思是「遭帶走且受監禁的人；完全受制於他人的人」。此字起源為拉丁文的 captivus，意思是「被抓走當成囚犯」，動詞為 capere，即「抓走、留住、逮捕」。

簡單來說，「受到囚禁」意思是你的人生不再是自己的，你每日存在的樣貌由他人來形塑。這不見得是受到不當對待或是不快樂，也並非挾持你的人意圖傷害或懲罰你。受到囚禁指涉的是一種存在的形式，並非存在的品質：意思是被局限於某個特定場所，而且未必是你自選的空間；你缺乏選擇要做什麼、要見誰、要聞誰、聞什麼、吃什麼、何時吃等等的能力；有時他人會強迫你做某些事情；必須仰賴他人提供生活基本所需，像是食物和棲身之所，以及和他人與世界進行有意義互動的機會。從以上角度來看，作為寵物的狗兒算是受到囚禁的動物，而人類就是挾持者，因為我們控制了狗兒生活的各個方面。

角色互換一下就能瞭解這是什麼狀況，狗兒會去「人類寵物店」或是「人類收容所」挑選他們想帶哪個人回家嗎？如果狗兒發現他們不喜歡這個挑回來的人類，他們會退回這個人，然後再找一個更有魅力、行為良好的人帶回家嗎？狗兒會決定人類什麼時候可以吃飯、要吃什麼、可以上幾次廁所、去哪裡上廁所、可以見哪些朋友嗎？狗兒會不會把人類扣上牽繩，以免人跑太快、跑太遠，或是避免人類用狗兒認為不恰當的方式打招呼？

當然，以上的情境太荒謬誇大，但易地而處時，我們真的能忍受狗兒在人類社會面臨的處境嗎？別傻了，我們絕不會放棄掌控生活最基本的層面。不論我們管理狗兒時多仁慈，總還是會要求甚至命令他們在人類的國度生活就必須遵守我們的規範。要瞭解我們與這些毛朋友的關係以及對他們的責任，就需要從這個關鍵的起點開始。無論人類照護者多富愛心，狗兒同伴必須面臨的仍舊是一段不對等的關係。狗兒生活在人類世界時，我們要求他們放棄部分自由與天生的狗兒行為。服務犬訓練師珍妮佛 · 阿諾 (Jennifer Arnold) 在她的書 *Love Is All You Need* 中寫道，狗兒生活的環境「讓他們無法紓解壓力與焦慮」。她解釋道：「在現代社會，狗兒無法保護自身的安全，這也是為什麼我們沒辦法僅為了滿足他們的需求就放牛吃草。反之，他們的生存緊繫於我們的善意[2]。」大家想想看，我們教導狗狗在想要上廁所時，必須先吸引我們的注意力，請求我們允許他們到戶外。狗兒到了戶外，我們又常以牽繩或圍籬限制他們，還跟他們說：「不可以在這裡上廁所。」狗兒只能在餵食的時間吃我們提供的食物，如果他們在別的時間吃了我們覺得他們不該吃的東西便會受到責罵。狗兒只能玩我們給予的玩具，如果他們自行選擇玩具，像是人類莫名稱之為「鞋子」或「遙控器」的玩意兒，還會惹上一身麻煩。大多時候我們的行程與偏好也決定了狗兒的玩伴與友誼。綜合上述，這種關係是任何成年人類都不會忍受的單向關係。

有些人主張狗兒因為馴化的緣故，已被制約成可以接受並滿足於人狗關係中的不對等。他們認為狗兒與人類之間的關係已久，所以人類已經改變了狗兒的「天性」，某些方面來說是這樣沒錯。從定義看來，家犬並非野生物種，他們的行為反映了我們過去對家犬的要求以及期望。然而，狗兒也不是長著四隻腳的人類，他們尚未完全適應人類的環境，這點只要是和狗一起生活的人都有親身體驗，狗兒仍保有一些「野性」的元素以及類似野狼祖先的行為。確實，我們很重視其中許多特質，也不希望它們消失不見，像是對家族的忠誠、社交性、願意幫助與保護同伴。狗兒永遠無法輕鬆適應人類的家與生活方式，也不可能完全不需要妥協，狗生就是如此。比如說，狗兒總是需要被教導如何上牽繩散步、不要追逐獵物、不要在家裡附近漫步尋找散發誘人氣味的交配對象。當然，訓練師與獸醫行為專家目前炙手可熱的事實，直指了有許多狗是需要大量協助才能順利融入人類生活與社會中。

換言之，與狗生活需要找到一個謹慎的平衡點。有些限制對於人狗的安全為必要，但如果我們不謹慎又不仔細關注狗兒的需求，這些限制可能會嚴重損及狗兒的生活品質和生命力。本書最大目標就是去檢視與察覺我們施加於狗兒的限制，找出哪些是過分嚴格，哪些限制又是細微到讓我們絲毫沒發現原來自己正在剝奪狗兒需要或想要的自由。

你可能會說這就像一樁浮士德與魔鬼的交易：為了讓狗兒進入我們的生活、讓我們可以愛他們，我們在他們的自由以及部分福祉上妥協了。當初浮士德與魔鬼交易想要獲得知識，而我們則想要獲得愛與陪伴。我們想要獲得人狗共享情感所帶來的社交連結，那份為人稱頌的牽絆[3]。但愛與陪伴有其代價，因為我們同時讓人類最真心的同伴無法完整做自己。我們希望本書能幫助你看見並處理這個倫理困境，以便改善心愛狗兒的生活。

放下牽繩，自由更多

詞語既重要又有力量，我們不稱同伴動物為受囚者，也不稱人類為挾持者是有原因的，因為這些負面的詞彙不能反映出我們對狗兒的真實意念或感覺。同樣，我們也不喜歡用主人這個詞，因為它將狗兒物化，還以暗示的方法鼓勵我們將狗視為人類可擁有、使用、丟棄的財物。我們偏好**監護人**或**同伴**這樣的用法，而不是主人。雖然人類社會在法律層面上將狗兒定義為財物，但我們無需使用這樣的語彙將他們當做財物，或是把我們自己視為主人。狗兒是有意識、有思想，以及有感覺的生物，就像我們一樣，所以我們不會用**那個**或**它**這樣的代名詞稱呼狗，這些詞指涉的是物品。我們偏好用他、她、他們和誰 (who/whom) 等字來稱呼狗兒。

另外，因為**圈養 (captivity)** 和**自由 (freedom)** 有多元涵義，這些字本身有批判的意味，且其意義或大家對它們的認知會因情境而不同，所以談到狗兒福祉時我們偏好使用**剝奪 (deprivation)** 與**增強 (enhancement)** 這樣的詞。在這本實務指南中，我們會進一步探索這些概念，不過簡單來說，剝奪意味著不讓狗兒做一些他們有高度動機與驅動力去做的「符合天性」的事情；增強則是一種介入，可以提昇狗兒身為狗的自由。增強可以是我們提供的事物，比如說解下牽繩讓狗兒盡情奔跑狂衝，無需瞻前顧後。增強也可以是我們對狗兒的保護措施，比如使狗兒免於恐懼、疼痛、感官過載，以及協助避開他們不想要的撫摸與危險。

圈養的解藥就是自由，圈養與自由之間明顯會互相拉扯，狗兒就生活在這個充滿不確定的區域內。雖然狗兒無可避免受到圈養，但在人類環境中仍可享受顯著的自由。

正如圈養，自由也不是非黑即白，中間有各階灰色地帶。人類社會中的狗兒生活在各式條件之下，他們會經歷不同程度與圈養相關的壓力以及不同程度的自由。此外，世界各地甚至是同地區的不同家庭中，家養狗兒的生活方式也各異其趣，很難一概而論，因為總有各種變化與例外。所以重點是：每隻狗兒、每位人類都不一樣，個別狗兒對某種剝奪會有較深切的感受，個別人類也會覺得某些增強的作為與自由比較容易提供。我們對此書抱持的希望很簡單：幫助你發掘在能力範圍內多種提昇狗兒自由與降低圈養的心法。每隻狗兒都值得在我們能力範圍內過上最好的生活，「最好的生活」表示要給他們最高度的自由，以及將圈養引起的剝奪降至最低。

狗兒的十大自由

普遍認為「五大自由」(Five Freedoms) 是動物福利的基石，起初在 1965 年提出，爾後在 1979 年由英國農場動物福利委員會 (Farm Animal Welfare Council) 正式採用。五大自由的制定用以因應工業化畜牧（或稱「工廠化畜牧」）中動物遭遇最惡劣的福利問題。五大自由提出以來，逐漸套用在越來越廣泛的圈養動物上，例如動物園或實驗室動物。過去幾年，五大自由也進入了同伴動物 (companion animal) 之福利的討論範圍。討論如何增強狗兒自由的時候，這是一個很好的起點。我們把五大自由調整擴增為十大自由，以此引導我們與狗兒的互動。

第一到五項為狗兒**免於**不舒服或厭惡的經驗之自由，第六到十項為狗兒**當狗**的自由。

就如所有動物一般，狗兒需要下列自由：

1. 免於飢餓口渴的自由
2. 免於疼痛的自由
3. 免於不適的自由
4. 免於恐懼及痛苦的自由
5. 免於可避免可治療之疾病殘疾的自由
6. 擁有做自己的自由
7. 擁有表達正常行為的自由
8. 擁有選擇及控制的自由
9. 擁有開心玩耍的自由
10. 擁有隱私及「安全區域」的自由

就連受到最佳照顧的狗兒，像是受盡寵愛、擁有柔軟床鋪、飲食美味均衡、獸醫妥善照料的狗兒，都可能經歷飼主在不自知的情況下發生的剝奪[4]，這是因為許多選擇與狗共享一個家的人類不太瞭解狗兒行為。舉例來說，有一份調查飼主對狗兒行為知識的報告指出，13% 的人養狗前並沒有做功課瞭解狗兒行為，而僅有 33% 的人覺得自己「很懂」狗兒的基本福利需求[5]。雖然有些飼主飽覽群書，書架放滿關於自然歷史、動物行為學、狗兒照護相關書籍，但也有很多飼主走一步算一步。狗兒擁有驚人的適應力與韌性，就算在不適合狗兒的環境也能找到生存之道。但是多數人當然希望自己的狗兒能夠茁壯成長，而不僅是勉強度日。要幫助狗兒做到這點，人就要盡力瞭解狗兒真正的天性，也要知道他們需要我們提供哪些協助。

來自訓練師、犬心理學家、獸醫的證據，清楚指明眾多狗兒未能獲得所需，且處於程度不一的壓力下。數以百萬的狗兒陷於無聊、挫折和焦慮之中，這些負面感受常化身為飼主誤以為的「行為問題」，像是白天單獨留在家時摧毀家具、強迫性吠叫、過動或暴食。這些狀況明白點出提供乾淨飲水、營養的食物、運動、適當的住所和獸醫的照料等來滿足狗兒基本需求，僅僅是個起點。狗兒像人類一樣，需要情感上的連結與支持，也需要融入世界。狗兒需要與其他人狗互動，需要充分進入大自然的機會，如運用肌肉般運用自己的感官。他們需要伸展自己的身體與心智，感受挑戰。

要提供上述事物是否需要人類這端做出妥協呢？通常要的，但是大家也毋需覺得不知所措。一般來說，最重要的改變是轉換視角，多仔細注意狗兒，增強我們已經給予狗兒的自由，讓這些自由對狗兒有最大的意義。以早上散步為例，無論狗兒有多享受整整一小時的悠閒漫步，大多數的人上班前帶狗兒散步的時間有限，不可能真的能帶他走這麼久，所以真正重要的是運用你可以撥出的時間。讀完本書你可以從狗兒的角度思考一下晨間散步，問問自己：**狗兒最需要和最想要的是什麼？**然後投其所好。

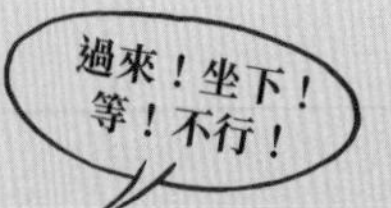

指揮中心！

人類控制狗兒的方法之一是下指令，有些可憐的狗兒每天要接收極多命令，竟然還能保持神智正常真是奇蹟。事實上，訓練師常建議狗兒做的每件事情都應該透過指令完成，吃每顆乾糧、追逐每顆球之前，狗兒都應該先表演個才藝或是先服從指令。但過多指令以及強迫控制狗兒，並不是增強狗兒自立自主的好方法。

看過很多狗公園以及其他狗兒和人會去的地方之後，我們的印象是大家很常說**不可以**，很少說**可以**或是「**好棒**」，其它稱讚也很少說，特別是脫口而出的讚美。馬克在當地一個狗公園做了非正式調查，他記錄了 300 例人與自己狗兒或其他狗兒說話的情境，發現 83% 的狀況中，人都是因為想阻止狗兒做某些事而說話，僅有 17% 的例子中說了正面的話；正面的話裡頭又只有 6% 是出現在狗兒做自己、表現自然行為的時候，人類脫口而出「好棒」這類稱讚[6]。

給予狗兒更多自由有其優點：人類也從中獲益。快樂滿足的狗比較容易相處，所以監護人也會因此更加快樂滿足；與焦慮或挫折相關的狗兒「問題行為」得以自我化解，讓我們有更多時間與狗兒同伴享受這份友誼。人類常常陷入一種壞習慣，會抱怨照顧狗、和狗一起生活有多難。在狗公園聽過無數的人說：「天啊，為了帶她來狗公園，我一整天的計畫都得隨之調整。」不過，你知不知道如果我們更常解放狗兒的話，誰也能感到更多自由與滿足呢？就是我們自己。放下牽繩對每一方都有好處。

精通狗語

狗兒於我們的世界無處不在，在鄰里附近、在車上、在家中都見其蹤影。然而從一些重要的角度來看，我們常沒能真正注意狗兒，人常把狗兒看做生活的裝飾品，而沒有真正看到狗的天性，也沒有從他們的角度看世界。

要能給予狗兒更大的自由，關鍵在於瞭解他們感受這個世界方式，亦即對他們而言，世界看起來、聞起來、感覺起來、嚐起來、聽起來是什麼樣子。唯有先明白狗兒體驗世界的方式，才能瞭解人類環境如何令他們的福祉打了折扣，我們也才能找到補償之道。要做到這點，我們需要進入毛朋友的腦袋、心裡和感官才行，這就是本書希望能夠提供的精神。

過去科學家曾有段很長的時間無視狗兒與狗兒行為，因為他們尚未視狗兒為可認真研究的對象。狗兒過去被當作人為產物，而不是真正或「自然」的動物。當然，狗兒過去曾扮演疾病研究等主題的媒介，但狗兒本身並非研究者興趣所在。不過這一切在約 20 年前出現大幅轉變，現在對於犬認知和情緒的科學可謂顯學。部分人士仍稱犬認知與犬情緒生活相關研究為「軟科學」，反映出對狗以及動物心智和感知之研究的頑固偏見。但這樣的態度亦開始變化，犬科學的重要性已獲肯定。犬認知的縝密研究已經帶來大量詳細資料，其中有些已用於改善人狗的生活。比如說，我們知道狗已經發展出複雜的認知能力，他們也會歷經各種情緒。雖然犬科學已有所進展，但未來仍有迢迢長路要走。

鑑於書店與網路充斥大量狗兒書籍與訓練手冊，同時還有數以千計的網站專門討論狗兒與他們的行為，你可能會很驚訝地發現人類對於狗兒的集體知識竟有很大落差。很多作者表示人類懂狗，但實際上我們所知真的沒那麼多。你很快會在本書看到，每當講到某個主題，我們常被迫承認「這方面研究真的不多」。

儘管縝密的犬科學持續成長，但迷思與大眾科學 (pop science) 仍無所不在，飼主面臨的挑戰之一是去蕪存菁，分辨何者為紮實的科學。由於每天都有新的犬科學知識冒出頭，就算有像我們這樣的書想幫助大家，去除迷思仍然是個大挑戰！比如說，有個很普遍的迷思是說狗兒不會感受到如嫉妒或愧疚這樣複雜的情緒，但新的證據反駁了此看法。像是彼得 · 庫克博士 (Peter Cook) 與同事進行的神經影像研究就顯示，狗兒與人類大腦中同樣的部位在嫉妒的時候會有反應。不論是人是狗，此時杏仁核會更為活化[7]。

我們需要瞭解狗兒的感受，不僅為了確保他們的行為需求可以獲得滿足，也為了能與他們更清楚地溝通。如果要成功訓練狗兒和我們一起生活，運用正確的犬科學會更有效果。假設回家看到垃圾桶翻得亂七八糟，狗兒耳朵下垂蜷縮在角落，我們此時該如何是好？狗兒看起來「很愧疚」，好似知道自己做錯了，所以我們可能忍不住想處罰狗兒，像是大聲斥責，外加揪住他們頸部鬆鬆的毛皮將他們翻得肚皮朝天，不讓他們起身，彷彿對狗兒宣告：「我是老大！」珍妮佛 · 阿諾 (Jennifer Arnold) 稱這種訓練法為「我就是聖旨」(because I said so, BISS)，她說道，此法不能建立「公平互惠的關係」。

但是，我們確定自己真的瞭解狗兒的認知嗎？處罰是最有效的回應方式嗎？許多人假設「愁眉苦臉」的面部表情加上耳朵下垂就表示狗兒認錯了，但我們並不知道狗兒是否真的有罪惡感，這點仍待釐清。就算狗兒可能真的有罪惡感，但他們對於是非的概念可能和我們不同，我們可能常會錯誤解讀狗兒的面部表情與身體姿勢。狗兒可能正在表達的是恐懼、壓力、困惑，而不是愧疚，因此我們施加的處罰或許只會讓他們的感覺惡化，卻沒有增強正確行為。揪住狗兒頸部毛皮這樣的訓練方式，出自與支配階層 (dominance hierarchy) 和處罰這兩者相關的假設，但這種假設並不正確。狗兒犯錯或是做了我們不喜歡的事情時，無論是揪住頸部毛皮或拍打他們的鼻子這類身體處罰，並不能真的改變他們的行為[9]。狗兒訓練師彼得 · 佛瑪 (Peter Vollmer) 提過：「過度處罰，特別是在不欲見的行為出現後過一陣子才施加的處罰，可能導致其它不受歡迎的副作用，像是狗兒會迴避飼主，時常發送從屬訊號 (subordinate signaling)，以及產生壓力相關的生理問題[10]。」

狗是小號的狼？

許多人相信如果我們能懂狼，我們就能瞭解狗兒想要什麼，要茁壯成長又需要什麼。畢竟家犬從祖先野狼演化而來，至今基因仍相近到可以互相交配。不過，雖然狼的行為很有意思，但用以瞭解狗兒卻不一定是準確的對照範本。試著瞭解狗兒真正的需求以及如何與他們有最佳互動時，將狗視做小號的狼或是馴化的狼可能會誤導我們。舉例而言，狼通常很有組織成群結隊，支配階層與分工定義清楚明白，狗兒就不是如此。狼通常也會標記領域邊界，但狗兒極少這麼做。

精通狗語的意思包括我們要知道和狗兒互動的特定狀況或情境，對此有一定敏感度。就和人類一樣，狗兒的行為會依據狀況或社交情境而改變，這是許多犬類研究面臨的重大挑戰。實驗室裡關籠的狗兒，行為備受限制也經環境形塑，實驗室裡觀察到的行為模式不見得能套用在收容所的環境，因為狗兒受到的刺激相當不同。當然，狗兒在收容所的行為和在家裡、狗公園、日托中心也會不同，這些地點之間的狗兒行為亦有差異，而狗兒在獸醫診所的行為又完全自成一個世界。另外，各個收容所、家庭、獸醫診所都是一個微型世界。除此之外，許多人類監護人回報他們的狗兒有「牽繩激動反應」(leash reactive)，原本和藹可親的狗兒，牽繩一戴就變得對經過附近的其他狗兒有攻擊性。如各位所見，雖然大家常認為行為本身獨立於其它事物之外，但事實則不然。

除此之外，對於狗兒在人類家庭環境裡的行為我們相對上所知不多，但是家庭可能是我們最該瞭解的重要情境，狗兒在家時想什麼、感覺如何、想要什麼，都會是有用的資訊[11]。確實，我們需要多瞭解狗兒在住所與度過其它時光的地方時是什麼樣子，以便幫助他們培養出寵物專業公會 (Pet Professional Guild) 創辦人與主席妮琪 · 塔吉 (Niki Tudge) 口中的「生活方式相關技能[12]」。當然，要設計一個能套用於所有狗兒的「家庭行為」研究相當困難，因為每個人類家庭環境都是獨一無二的。但這不妨礙你在家裡研究自己的狗兒，你的研究結論可能不適用於所有的狗，但是會適用你人生中最重要的狗，也就是你自己的狗兒。我們鼓勵你去研究觀察狗兒如何在你們共享的家中生活，持續觀察各種情境，注意是否有變化。

建立與使用行為譜

本書要幫助你學會流利的狗語，特此邀請你成為動物行為學的學員[13]。動物行為學家 (ethologist) 研究的是動物行為，通常是在自然棲息地的動物。你可以運用動物行為學來探索自家狗兒的天性，以及他們想要和需要的是什麼。舉個例子，你會發現個別狗兒喜歡、討厭什麼，應對方式、學習方式，還有各自的怪癖。

你可以建立狗兒的行為譜 (ethogram)，這是列出動物行為的一種表單，也是行為研究的基石。你可以就多種不同環境建立行為譜，像是家中、狗公園，或是傍晚在附近散步的環境，再加以比較。也可以針對你的狗兒與其他狗兒的互動，或是與你、與其他人類的互動來建立行為譜。建立其他狗兒的行為譜也可以，如此一來可以比較不同狗兒的行為模式。仔細觀察記錄狗兒的行為，就可以發現他們的行為在不同情境如何變化。建立行為譜很好玩，也為瞭解動物行為開了一扇窗。這常被視為科學研究的第一個階段，也是最重要的階段。

現在有無數的狗兒行為譜可作為參考，你可以藉此思考如何為自己的狗兒建立行為譜。動物行為學家羅傑 · 阿布蘭特斯 (Roger Abrantes) 和麥克 · 福克斯 (Michael W. Fox) 的書是兩個很好的例子 (書名分別為 *Dog Language* 和 *Behaviour of Wolves, Dogs, and Related Canids*)。芭芭拉 · 漢德曼 (Barbara Handelman) 的 *Canine Behavior: A Photo Illustrated Handbook* 也是極佳的資源，還有 Tails from the Lab 網站上的「學習狗語第四篇：讀懂狗兒的肢體」(Learning to Speak Dog Part 4: Reading a Dog's Body)，上述資訊都列在本書最後的參考書目。

有些或許可記錄的行為包括：狗兒接近另一隻狗的方式 (速度與方向)、咬向身體哪些不同部位、咬的強度 (有所克制的輕咬，或是使勁咬再加上甩頭與否)、翻滾、密切注視、靠著下巴、邀玩、自己玩、尿尿和姿勢、大便、低吼、吠叫、哀鳴、靠近與退縮、腳掌去扒哪些身體部位、耳朵的姿勢、尾巴的姿勢、步態、其它方面。馬克和他的學生發現大多狗兒的行為模式可以歸納為約略 50 種。

微觀派與宏觀派：研究者依據其不同的焦點，會將資料做兩種不同的收集與整理，即微觀或宏觀。微觀派針對動作進行微分析，宏觀派對玩耍、攻擊、交配等較廣的行為分類更有興趣。要採取微觀還宏觀角度，端視你有興趣瞭解的問題為何。我們建議先採微觀，之後覺得宏觀是最佳策略的話，可再將資料統整。舉例來說，記錄時不要只寫「咬」，而要區分這個行為何時發生，咬的部位是哪裡，是臉、耳朵、頸部、身體……等等。記錄用臀部推撞他狗的時候，可以標明力道是用力還是輕微。之後你可以把所有咬或是臀部推撞的行為分門別類，但是建立行為譜時如果一開始沒有從微觀角度記載的話，往後就看不出細微的差異了。馬克研究狗兒以及他們的野生親戚時向來是微觀派，也因如此，他發現找到 50 種不同的動作後，增添新行為的機率變得極低。

總歸來說，建立行為譜的簡單步驟如下：現場觀察動物或看影片、列出各種不同的行為模式與發出的聲音、和其他人對照一下記錄清單、多做觀察記下額外的行為模式與聲音、替每個行為想個代碼以方便記錄觀察、對行為先採微觀角度而不要把兩三種行為歸為同一類。

狗兒的時間運用和活動多寡也有個體差異，所以你可以用手機或碼錶收集資訊，不僅觀察狗兒做什麼，也可記錄他們花了多少時間做不同活動，活動類型或時間長短的變化可以作為狗兒感受的指標。

就如情境會千變萬化，每隻狗的行為也非一成不變。許多變數會影響行為，包括基因、成長過程、犬種、學習、認知風格與個性[14]，顯然個體過往的經驗、期望或對未來的想法也都會影響他們的行為。我們會不斷回來提醒這一點，也就是認識自己狗兒的時候，要記得他們是獨立個體。對洛斯可有用的對弗萊迪可能沒用，對梅寶有效的對艾莉可能無效。

研究狗兒時有種角度很有用，就是把他們當成像外國交換學生一樣，是來自不同文化的人。我們的家庭和文化與狗兒有相似之處，都有類似的情緒與生理感受，但是也有極度相異之處。像是語言不同、肢體語言代表不同涵義，如點頭在某文化代表「不是」，但在另個文化代表「是」。正如我們和交換學生密切配合、幫助他們，一起跨過文化差異、找到共通之處一樣，我們也可以藉著提供文化意識與敏感度來幫助狗兒。交換學生不需要學會英語才能在我們家過著和平快樂的生活，狗兒也一樣。縱有語言障礙，但狗兒社會認知研究已指出狗兒非常擅於和人溝通，我們也有相同的能力去瞭解狗兒、精通狗語，以便解讀狗的行為並與他們清楚溝通。

生態關聯性與黃色的雪

在動物行為領域，生態關聯性 (ecological relevance) 意指研究動物時要考慮到他們的感官與動作技能。換言之，不能期待各物種對刺激做出反應時採用他們做不到或不符天性的方式。舉個例子，若有種動物無法聽見高音超音波，我們還要求他們運用超音波來區分兩種外在刺激，這就不具備生態關聯性。

觀察狗兒時，生態關聯性有何意義呢？不要期待狗兒運用超出自身能力的運動或感知技能，也不要預設狗兒使用五種感官的方式與人類相同。舉個例子：研究人員為了評估其它物種自我識別能力 (self-recognition) 設計了鏡像測驗 (mirror test)。在動物不知情的狀況下，把一個標誌 (比如紅點) 放到動物額頭上，然後將動物置於鏡子前。如果動物對紅點有反應，像是嘗試用動作把自己額頭的紅點弄掉，研究人員就會認為這個個體認出了鏡中的自己，也知道紅點就在他們身上。有些黑猩猩、大象、海豚、喜鵲會這麼做。

狗兒則很一致地沒通過測驗，所以有些研究者宣稱狗沒有自我識別 (self-recognition) 的認知能力。但鏡像測驗對狗兒來說並沒有生態關聯性。狗兒有眼睛，可以看到紅點。但狗仰賴視覺訊號的程度不如嗅覺訊號，他們對自我與他者的識別可能主要透過氣味進行。馬克研究自我識別時觀察過他的狗兒傑索對自己製造的「黃雪」有何反應，結果相較之下，傑索對於其他狗兒尿在雪上所產生的黃雪比較有興趣。其它針對狗兒嗅覺方面的自我識別研究，已經確認了如果問題以具備生態關聯性的方式來問，狗兒可能懂得「我」與「你」的分別[15]。

推己及狗

本書《就讓狗狗做自己》的重點訊息之一是沒有放諸四海皆同的狗兒，每隻狗都是獨特的個體，擁有獨特的需求和個性。雷 · 皮耶羅蒂 (Ray Pierotti) 與布蘭迪 · 福格 (Brandy Fogg) 在他們的書 *The First Domestication: How Wolves and Humans Coevolved* 中指出，狗這個字難以定義，「家犬」(domestic dog) 也是許多隨機個體組成的集合體[16]。當然，同樣沒有放諸四海皆同的「人類」，試著去瞭解人狗關係中人類這端的動機與感知也有所必要。

從狗兒觀點去思考與感受狗兒的日常生活是一個很有用的練習，我們作為狗兒的同伴，可以訓練自己注意狗兒對世界的感受，設身處地想像狗兒的腦袋與心裡發生什麼事。正如為人父母，光有愛還不夠，我們也需要邏輯。我們需要讀懂狗，要瞭解狗兒本性、狗兒的需求以及他們的行為如何傳達感覺。

人類與狗兒文化比較

人類文化	狗的文化
屁股與鼠蹊是私密部位，陌生人不可碰觸或嗅聞。	聞聞屁股和鼠蹊是再自然不過的行為，就像是對人家打招呼：「你好嗎？」然後獲得對方回覆。
騎乘是一種變態、不適當的性相關行為，不可出現在公共場合。	騎乘是一件有趣的事，不一定只能私下做。所有的狗兒都會騎乘，不論對象是人的腿、靠枕或是其它東西。
吠叫大聲擾人，乖巧的狗兒不會吠叫。	吠叫是狗兒用以與其他狗或人類溝通的主要方式之一。狗兒會在各種情境吠叫，包括玩耍、害怕、躁動、興奮或是想要獲得關注的時候。
狗兒不該追腳踏車或松鼠，如果不聽從指令停下來就是搗蛋的行為。	狗兒的天性會追逐獵物，而因為所有快速移動的物體都可能是獵物，所以狗兒常會追上去弄個清楚。
狗兒若拒絕服從指令、不去完成人想要的事情，就是故意一意孤行。	狗兒可能因為恐懼、緊張或困惑而對指令有所遲疑，或拒絕去做。狗兒除了對口語用字會反應之外，也會對非語言溝通的訊號反應，如果人類說一套，但是音調、情緒或肢體語言又是另一套意思，狗兒可能難以瞭解訊息的涵義。
擁抱狗兒是愛的表現。	有時狗兒被人抱的時候可能覺得自己受困了。
如果狗兒不和其他狗玩，一定有反社會性格或有問題。	狗兒和人一樣有自己的偏好，也需要獨處時光；狗兒不見得喜歡其他特定的狗，比起玩耍與社交，也可能更偏好其他活動。

我們要記得，狗兒不是人類。這點蠻明顯的沒錯，但人卻時常忘記這道理，尤其當狗兒和我們建立如此緊密的友誼，感覺上好似真的使用同樣的語言、有同樣的理解。

我們需要量身打造增強的方式，以符合特定狗兒的需求。不管狗兒的年齡大小，我們都可以思考增強狗兒自由的方式。對幼犬來說，社會化在增強自由上特別重要。幼犬若沒有社會化，他們下半輩子的自由都會受到縮減，因為他們沒有學會如何當隻「正常」、適應良好的狗兒[17]。動物行為學家暨狗兒訓練師伊恩 · 鄧巴 (Ian Dunbar) 建議應該在狗兒 3 個月大以前，帶他們認識 100 隻狗和 100 個人。這份建議立意良善，雖然執行上有難度，但提醒了我們幼犬要與家人以外的人和狗維持足夠的接觸。另外，也需要刺激幼犬與各年齡層狗兒的認知，就算進入遲暮之年也是如此。刺激狗兒的認知可為他們的大腦帶來終生的正面效應，比如終身訓練 (lifelong training) 看起來與增加老化狗兒的專注時間有所關聯[18]。

盡可能賦予狗兒最佳生活

將狗兒帶回家這個決定有深遠的影響，不管是領養、購買或是以其它方法帶回狗兒，我們都開始需要為另一個生命的福祉負起責任。狗兒能體驗到多少自由，很大一部分掌握在我們手中，而且我們每日的行動也大致決定了狗兒是否能享受快樂而豐富的生活。沒錯，選擇與狗兒分享你的生活是一份甜蜜的責任。

如果你已經是某隻狗兒的監護人，請想想為了你的狗兒朋友，你要如何當一位稱職的人類同伴。閱讀本書時，也思量一下可以如何盡可能給狗狗最佳生活。我們都不完美，沒有人能時時刻刻達到理想，但是起碼可以試著用狗兒的眼睛還有鼻子、舌頭、腳掌與皮膚來看世界，想像有哪些大小方式可以幫助狗兒茁壯成長，畢竟是你決定要帶狗回家的。

每個人的價值觀會深刻影響並引導人狗之間的關係，有時這些價值觀會公諸於世，有時候沒有明確說明但會反映在你的行為上。大家選擇與非人類同伴生活的方式各有不同，但如果你邀請了另一個生物進入你的生命，或是計畫未來這麼做的話，就要清楚表達出價值觀。第一個問題就是上面問的：你認為對狗兒而言怎樣算是好生活？你如何幫助狗兒過這樣的生活？把你的目標一一寫下。

正如我們之前所提，「解放狗兒」(unleashing your dog) 的意義一來如字面所示，狗狗需要多一點不上牽繩的時光；另一方面是種比喻，代表我們要持續努力提昇狗兒感受到的自由，藉此釋放出他們的潛力，活出最豐富的一生。說到這裡，就讓我們解下牽繩，開始幫助我們深愛的狗兒獲得更好的生活。

本章注釋及參考資料

1. Susan Townsend, in conversation with Marc Bekoff, February 3, 2018.
2. Jennifer Arnold, *Love Is All You Need* (New York: Spiegel & Grau,2016), 4.
3. Marc Bekoff, *The Emotional Lives of Animals* (Novato, CA: New World Library, 2007). For more discussion of how shared emotions bond dogs and humans across cultures, please see Bingtao Su, Naoko Koda, and Pim Martens, "How Japanese Companion Dog and Cat Owners' Degree of Attachment Relates to the Attribution of Emo- tions to Their Animals," *PLOS One* 13, no. 1 (2018), https://www.ncbi.nlm.nih.gov/pmc/articles/pmc5755896.
4. Jessica Pierce, *Run, Spot, Run* (Chicago: University of Chicago Press, 2016).
5. *PDSA Animal Wellbeing PAWS Report 2017*, pages 9–10, https://www.pdsa.org.uk/media/3290/pdsa-paw-report-2017_online-3.pdf.
6. Marc Bekoff, *Canine Confidential: Why Dogs Do What They Do*(Chicago: University of Chicago Press, 2017).
7. Marc Bekoff, "Jealousy in Dogs: Brain Imaging Shows They're Similar to Us," *Animal Emotions* (blog), *Psychology Today*, May 13, 2018, https://www.psychologytoday.com/us/blog/animal-emotions/201805/jealousy-in-dogs-brain-imaging-shows-theyre-similar-us.
8. Arnold, *Love Is All You Need*, 6.
9. One myth that survives among some people is that dogs don't feel guilt, so making them feel guilty for doing something "wrong" really doesn't work. Suffice it to say, we don't know whether dogs feel guilt, but there are good reasons to assume they do, as do other mammals. The error stems from people misreading research conducted by Barnard College dog researcher Alexandra Horowitz (see "Disambiguat ing the 'Guilty Look': Salient Prompt to a Familiar Dog Behavior" in the bibliography); her work explores how people are not very good at reading guilt in a dog's facial expressions or behavior, not that dogs don't feel guilt. On that, the jury is still out.
10. 10. Peter Vollmer, "Do Mischievous Dogs Reveal Their 'Guilt'?" *Veterinary Medicine/Small Animal Clinician* (June 1977): 1005.
11. The "home" may be a house or may be "on the streets," where numerous dogs actually live on their own. It's been estimated that 80 percent of dogs in the world are on their own. We also make many dogs live in the habitat of a shelter.
12. "The Shock Free Coalition PPG World Services Chat Chuckle and Share with Dr. Marc Bekoff," YouTube video, 55:12, posted by Pet Professional Guild, October 2, 2017, https://www.youtube.com/watch?v=2mosbrtzd2i&feature=youtu.be.

13. For more information on and guidelines for creating an ethogram and observing dogs, see the appendix "So, You Want to Become an Ethologist?" in Bekoff, *Canine Confidential*.
14. For an example of some of the research being conducted on the per- sonality traits of dogs, see the University of Lincoln's "Dog Personality" website (www.uoldogtemperament.co.uk/dogpersonality). Brian Hare's Dognition website (www.dognition.com) is another great place to learn about the unique cognitive skills of your dog.
15. In "ecologically relevant" self-recognition tests based on olfaction rather than sight, dogs clearly distinguish between"me"and"you."See Ed Yong,"Can Dogs Smell Their 'Reflections'?" *The Atlantic*, August 17, 2017; Alexandra Horowitz, "Smelling Themselves: Dogs Investigate Their Own Odours Longer When Modified in an'Olfactory Mirror'test,"*Behavioural Processes* 143 (2017): 17–24; Marc Bekoff, "Observations of Scent-Marking and Discriminating Selffrom Others by a Domestic Dog: Tales of Displaced Yellow Snow," *Behavioural Processes* 55 (2001): 75–79, and Bekoff, *Canine Confidenial*, 123–24.
16. Ray Pierotti and Brandy Fogg, *The First Domestication: How Wolves and Humans Coevolved* (New Haven: Yale University Press, 2017), 204.
17. Helen Vaterlaws-Whiteside et al., "Improving Puppy Behavior Using a New Standardized Socialization Program," *Applied Animal Behaviour Science* 197 (2017): 55–61, and Marc Bekoff, "Giving Puppies Extra Socialization Is Beneficial for Them," *Animal Emotions* (blog), *Psychology Today*, December 1, 2017, https://www.psychologytoday.com/us/blog/animal-emotions/201712/giving-puppies-extra-socialization-is-beneficial-them.
18. D. Chapagain et al., "Aging of Attentiveness in Border Collies and Other Pet Dog Breeds: The Protective Benefits of Lifelong Training," *Frontiers in Aging Neuroscience* 9, no. 100 (2017), doi: 10.3389/fnagi.2017.00100, Marc Bekoff, "Dogs of All Ages Need to Be Challenged: Use It or Lose It," *Animal Emotions* (blog), *Psychology Today*, Febru- ary 1, 2018, https://www.psychologytoday.com/blog/animal-emotions/201802/dogs-all-ages-need-be-challenged-use-it-or-lose-it.

邁向自由的實務指南
運用感官與增強知覺

如果說狗兒因為他們對世界的體驗絕大部分受到我們照護者的影響而真的屬於圈養動物的話，那麼我們可以從他們的角度改善環境與互動，讓狗兒有更好的生活。我們可以保護他們不受人類環境中的壓力影響，讓他們盡可能享有做自己的自由，給他們自主做選擇和表達偏好的權力。我們來看看該如何在每日生活當中實踐。

對包含狗兒的所有動物來說，「圈養」一部分的定義就是動物受到限制，並和該物種原本演化所處的環境分隔開來。因此，圈養動物面臨的許多刺激對他們來說要不就是不自然，要不就是很新奇，這些不尋常的外在刺激可能會引起戰或逃 (fight-or-flight) 的壓力反應，但這個反應又因為身處圈養環境而無法適當表達。要改善你家狗兒的生活，就要仔細思考哪些感官刺激會造成壓力，並將刺激予以消除，增強狗兒自由也包括了要確保他們不必面對不請自來或是不舒服的感官體驗。

圈養動物可能也缺乏發展出該物種常見演化行為模式的機會，也就是他們「天生」就該會做的事。圈養環境如果單調貧乏，就無法讓動物使用他們巧妙演化而來的認知與感官能力，這可能會導致挫折與壓力。比如說，有的鳥兒收集食物時的天性行為是去刮刮泥土找出種子，這類鳥兒縱使面對的是水泥地，還是會去刮刮地板。此類演化行為需求無法獲得滿足時，個體常會出現很廣泛的不自然行為，像是刻板的踱步或是自我毀滅行為。既然人類環境對狗兒常算是刺激不足，我們可以給予狗兒運用所有感官的機會、減少日常中的無聊，讓狗兒更自由，生活更豐富[1] (enrichments)。有許多證據顯示就算透過簡單的方法豐富生活，也可讓動物更快樂、更無壓力。

總的來講，改善狗兒生活有兩種有效方式：

1. 減少造成壓力的狀況或刺激，包括「嫌惡刺激」(aversive stimuli)，也就是令人不愉快的聲響、味道與身體感受，比如說覺得自己被困住了；以及未能提供一個釋放的出口讓狗兒去展現他們有強烈動力去做的自然行為。我們稱這些事情為「自由抑制因子」(freedom inhibitor) 或是「剝奪」(deprivation)。

2. 提供正向的豐富生活可刺激感官，讓狗兒有機會透過身體、心理與社交參與世界，我們稱這些事情為「自由增強因子」(freedom enhancer) 或是「增強」(enhancement)。

如果把圈養當做會造成身體與情緒產生不健康症狀的疾病，那麼提昇自由即是解藥或療法。其中有許多不用花大錢的方式，而且都不需要獸醫開處方，大部分僅需要我們主動幫助狗兒同伴找出家中哪些環境讓狗兒覺得難以接受，然後對症下藥，提供狗兒更多選擇、更多刺激、更多參與機會、更多自由。

本書接下來為涵蓋狗兒五種主要感官體驗的「實務指南」：嗅覺、味覺、觸覺、視覺與聽覺。針對每種感官，我們都會特別提到一些可以提昇狗兒自由的「介入方法」(intervention)，你可以把這些看做是「解放」狗兒感官之道。想當然，有些主題或行為狀況涉及多種感官，狗兒會回應動物行為學家口中的「複合訊號」(composite signals)，其中包含來自數種感官的潛在資訊。本書會分章節討論各別感官，但是在真實世界裡，狗兒並不會將感官分開使用。

每章節會聚焦探討一種感官，運用狗兒體驗世界和與其互動的相關科學知識，來幫助你從狗兒的角度瞭解他們。瞭解各別感官以及多種感官如何一同運作，有助我們更明白狗兒身處以人類為中心的世界裡需要面對哪些挑戰。感官與感覺相連，如果鼓勵狗兒去體驗正面有趣的感官經驗，他們感受到的整體快樂程度可能就會提昇，這也正是我們希望狗兒能獲得的！

本書作為實務指南可以當成參考資訊，裡頭敘述各種感官與其特性，然後提供一些我們得以給予狗兒的重要增強方式。如果是植物的實務指南，會將植物標本依不同部分分開，按照特性將其分門別類羅列出來，比如說葉子的種類、花朵的顏色、植物的高度等等，本書則從不同感官的角度來檢視狗兒。每一章節會先簡短介紹一種感官，隨後提供可以增強狗兒這個感官的多種方式。就跟閱讀任何實務指南一樣，你可以直接跳到對你和狗兒最相關的主題。

我們提議的許多增強方式並非前所未見，多年以來研究狗兒認知的人、撰寫相關資訊的人一直都在談這些，不過針對犬行為、認知、情緒與感官生理持續進行的研究也一直帶來新的實用資訊，新的資料不斷浮現。許多例子中我們將新的科學資訊與增強方式整合在一起，這部份可能還沒有太多人討論。

在犬認知科學的理論領域，以及將研究應用於教導和訓練狗兒的實務領域之間，我們也試著搭起一座橋樑。由於全球研究人員不斷創造新的資訊，也不難理解理論與應用之間存在著知識轉譯的落差。本書就如其它實務指南一樣，記載了目前我們所知可幫助狗兒適應人類環境的相關知識，但隨著新的研究持續拓展我們對狗兒的知識，或加以澄清與證實，本書終究也需要更新資訊[2]。

注意：需要牽繩的那些時刻

如果你在閱讀本書時興起要扔掉牽繩的衝動，請看下列兩點關於牽繩仍有用處與其必要性的提醒：人類的禮節與狗兒同伴的安全。

禮節：人類的禮節規範常與狗兒的慾望相左，為了維持與他狗以及鄰居、家裡客人或街上路人等他人的友好關係，我們必須縮減狗兒的自由。比如說，狗兒可能很想尿在鄰居種的原種蕃茄上，可能很想自由奔跑穿過街道，或是可能想要和視線範圍內所有人狗打招呼，監護人必須注意在狗兒需求與人類需求之間找到平衡。如果不取得平衡會適得其反，因為其他人可能會覺得狗兒是製造麻煩的搗蛋鬼，想要進一步限縮狗兒的自由。負責任的狗兒監護人會在社區打造良好名聲，長期來說對各方都有好處。

安全：自由與安全之間必須取得平衡，正如對待人類小孩一樣，我們需要避免成為直升機父母 (helicopter parenting)，讓狗兒有機會自己做出決定及承擔風險，但是必須限於父母監督以及明智判斷的範圍內。孩子與狗兒都缺乏經驗與洞察，不太能妥善評估風險或是預測危險，像交通繁忙的道路在成人眼中就是再清楚不過的例子。在自由與安全間找到平衡，想必可以讓人狗都有更好的生活。

訓練與教導狗兒的重要性

雖然表面上看來有點違反直覺，但是提昇狗兒自由的重要方式之一是認真看待訓練這件事。若方法得當，訓練的重點並非在於控制狗兒的行為，而在於教導狗兒可以在家中及整體人類環境中和你一起順利生活。訓練技巧會在你與狗兒之間建立溝通方式，你和狗兒可以一起學習並瞭解這個方式。

本書並非訓練手冊，但當中我們會探索正向訓練如何增進狗兒的生活品質。

在此提供幾個能夠加強訓練效果的秘訣：

- 狗兒訓練一方面涉及教導狗兒，一方面涉及教導你自己，要自我學習狗兒行為與訓練技巧。
- 不論幼犬或成犬，教導始於將狗兒帶進家門的那一刻。如果帶著耐心採取適合幼犬年齡和技能的方式提供資訊，幼犬會熱切吸收學習。

- 訓練不是件只做一次就一勞永逸的事情，訓練如同學習，是個每天持續的過程，而且要隨人狗之間動態的互動方式適時改變。
- 訓練的目標不是創造一隻只會僵化遵從指令的機器狗，而是賦予狗兒一個大型百寶箱，裡頭裝滿技能、知識和溝通方式，讓狗兒可以獨立、自信、彈性地冷靜探索環境。
- 也不要低估了訓練狗兒的難度，有些狗兒比較難以適應人類環境中的生活，所以記得要抱持耐心、始終如一、堅持下去。也要享受這份挑戰，因為最終這會帶來雙贏的局面。
- 由於訓練的目標之一是與你的狗兒建立關係，加強你們之間的連結，所以可別把訓練外包。如果需要協助，可以雇用有正式認證的專家來實施訓練，但你自己也要密切參與，挑選訓練師要和挑選神經外科醫師一樣謹慎。
- 正向或「軟性」的訓練方式會比利用恐懼或懲罰的訓練來得更成功及人道，總之不管任何理由都絕對不能拿來傷害或恫嚇狗兒。

本章注釋及參考資料

1. The University of Doglando's enrichment center is an excellent model for others who want to establish such a program (http:// doglando.com/ enrichment/our-enrichment-program). Its aim is to provide pet parents with a historical perspective of what dogs were bred to do and to facilitate dogs forming close working, collaborative, and mutually respectful relationships with humans. They provide a lifestyle that allows each dog to have experiences that result in rich mental, emotional, physical, and intuitive growth, while taking into account the unique characteristics of each and every dog.
2. We discuss the knowledge translation gap in detail in our book *The Animals' Agenda* (see bibliography). The knowledge translation gap refers to our failure to use what we know on animals' behalf.

嗅覺

我們從嗅覺談起，嗅覺在狗兒體驗世界的時候扮演最重要的角色，龐雜的氣味有如嘈雜的聲音和盛大的交響樂一般，不斷盤旋於狗兒的鼻頭，充斥於他們鼻間，進而構成了狗兒的世界。借亞歷姍卓．霍洛維茲 (Alexandra Horowitz) 的說法，狗兒是「嗅覺動物」，他們生活在充滿氣味的世界裡頭[1]。人類的感官經驗由視覺主宰，想要從狗兒的角度理解世界，我們需要善用想像力，想想用嗅覺來「看」世界。我們上牽繩帶狗兒散步，他們停下腳步去嗅聞，就好比停下來去讀篇非常有意思的新聞頭條，或去聽鄰里間的重要八卦。狗兒優先透過鼻子收集資訊，而不是透過眼睛或耳朵。

狗兒似乎時時刻刻都在收集嗅覺資訊，不只是明顯把鼻子貼地追蹤氣味的時候，就連站在那兒看似無所事事的時刻也是，鼻子永不停歇。散步走經鄰里，狗兒正透過嗅聞收集各種重要資訊，包含哪些狗兒曾經來過這兒，何時來過；也許能夠得知母狗是否準備好交配 (female receptivity)，或甚至能知悉其他狗兒的感受。狗兒在睡著的時候也可能在嗅聞，鼻子可說是永不入眠[2]。

狗兒的鼻子適應力驚人，事實上，犬類的鼻子簡直是藝術品，如同許多其它的器官，透過天擇而進化。許多犬種的鼻子比人類的鼻子來得大，狗兒的大腦嗅覺中心比例上來說也比人類的大，意味著狗兒大腦有更多部位致力於處理嗅覺資訊。狗兒有 1 億 2 千 5 百萬至 3 億個嗅覺受體，人類僅有 6 百萬個，平均來說，狗兒的嗅覺比起人類要敏感上千倍[3]，他們能同時追蹤多種氣味，每秒大約聞 5 次。亞歷姍卓 · 霍洛維茲曾說，如果把狗兒鼻子的上皮組織也就是鼻子內裡給攤開來，面積能覆蓋他們全身；人類的卻僅能覆蓋肩膀上的一顆痣[4]。

狗兒的鼻子將空氣送入兩個不同的孔道，一個為了呼吸，另一個為了嗅聞，而人類別無選擇，只能用同一個通道呼吸兼嗅聞。除非狗兒正在喘，否則他們是用鼻子呼吸，不是嘴巴。

每隻狗兒不一樣，感官經驗和需求也可能因此不同。犬種或是犬種特性不見得能告訴我們一隻狗怎樣最快樂，但你家狗兒的鼻型倒是值得你思考一番，想想是什麼促使他們嗅聞和噴氣。相較於短吻的犬種，例如短頭顱骨和扁鼻子的巴哥和鬥牛犬，英國指示犬和巴吉度等獵犬強烈受到氣味驅動，優先使用鼻子探索世界的機會來得比短吻犬高。短吻犬和人類一樣，更常用嘴巴呼吸，和長吻犬的同伴比起來，短吻犬吸入處理的嗅覺資訊較少。極度短吻的狗也會因先天缺陷而妨礙呼吸，例如鼻孔塌陷，這些缺陷會讓嗅聞更加困難。因為短吻犬無法完全發揮嗅覺，我們必須努力強化他們的氣味世界，而且更加著重其他感官，例如味覺和觸覺，以彌補他們在嗅覺領域的匱乏[5]。

許多人好奇狗兒是否能感受到時間的流逝，是否能辨別他們的人類夥伴已經離家 5 分鐘或是 5 小時？科學家沒有明確的答案，但有個有意思的線索來自鼻子。霍洛維茲表示，狗兒對正在消散的氣味強度變化很敏感。味道隨著時間消散，氣味將會變淡，所以對狗來說，味道變得多淡，可能代表著自氣味最濃到現在，多少時光已流逝[6]。狗兒以相當複雜的方式理解氣味地景 (scent landscape)，得以辨別氣味蹤跡的新舊。他們能追蹤長達一周前留下的氣味，至於感知時間的方法有多健全或完善，仍待進一步研究。

讓狗兒嗅聞！

沒上牽繩的狗兒大約花三分之一的時間嗅聞[7]，上牽繩的狗兒通常則不被允許嗅聞這麼久。你是否常看到飼主生氣地拽著牽繩，試著讓狗兒跟上他們的腳步呢？這是感官剝奪。《全方位狗狗養護誌》(Whole Dog Journal) 有篇關於牽繩散步行為的文章，就作者平日裡的觀察，有 85% 的機率，不是狗兒拉扯或拖著他們的人類上街，就是人類拽著狗兒走[8]。有時狗兒想要往前衝，比飼主更早抵達某處；有時狗兒停下來全神貫注地調查氣味，沒耐性的人類夥伴就拉扯著牽繩說：「吼！走啦！我趕時間。」或是：「你在幹嘛？那裡又沒東西！」後者代表人不瞭解狗兒能察覺到什麼，人類肉眼也許看不到趣味，但我們的狗兒絕對聞到了迷人的氣味。上述的埋怨，完全展現了人類與狗兒之間對散步的期待和想像有出入，狗兒並不會急著尿完便完就趕著回家，畢竟對多數狗狗來說，每日的散步是他們唯一能好好體驗世界的機會，不過前提是要夠好運還能出來散步。

要增加狗兒自由度，簡單的方法就是配合他們的嗅聞需求。出門的時候，無論散步與否，要允許他們有足夠的時間運用鼻子，好好嗅聞，直到鼻滿意足為止。增加狗兒自由度最簡單的一個方式，就是讓他們聞！如果有方便的地點可讓狗兒放繩活動，請務必這麼做，讓他們有機會跟隨嗅覺的判斷，隨心所欲地散步或奔跑。上牽繩帶狗散步的時候，盡量讓他決定散步的步伐，如果他想要在灌木叢、草叢或消防栓徘徊，由他去。要記得，有些我們覺得難聞的東西，例如便便或尿尿，對狗兒來說是再有趣不過，即便狗兒聞的東西看起來很噁心，還是要讓他們隨心所欲地去聞，尤其是其他狗兒的尿尿和便便特別重要，因為當中富含犬類相關資訊。

而且，先撇開顯而易見的原因，當狗兒抗拒我們的催促，堅持聞聞，他們是明確地在告訴我們，他們找到了相當顯著的氣味。動物行為的脈絡當中，當談到刺激的「顯著性」，講的是某刺激與其它刺激相較之下突顯的程度，越是顯著，代表該刺激越突出或重要。

尿尿郵件的重要

對狗而言，尿尿就像是在鄰里間黏便利貼給其他狗讀取；而嗅聞狗尿，就是在讀其他狗兒留下的便利貼。狗兒喜愛聞其他狗兒的尿液，也喜歡尿在各式各樣的東西上，包含其他狗兒的尿液上頭，這稱為覆蓋標記 (overmarking)，狗兒會覆蓋其他狗兒的氣味，或強調自己的氣味。尿液是極具重要性的工具，讓狗兒能和其他狗兒溝通、知道對方是誰、何時造訪過、誰正在發情，或透露他們當下的感受。狗兒也有可能透過尿液認出對方，但目前尚未有實證研究。既然狗兒透過尿液溝通，代表你不該期待狗兒只尿個一泡就收工，狗兒這邊尿一點那邊尿一點，四處尿並不是他們拿不定主意該尿哪兒，而是可能正在留言。

長久以來人們相信狗兒尿尿是在標記地盤，所以尿在某物上面代表著：「這東西是我的；這邊是我地盤，小心點，別靠近。」事實上，我們已經知道尿尿對狗兒來說有更廣泛的涵義，部分的排尿行為也許和領域相關，但大多並非如此。有時狗兒尿尿，是因為想掩蓋其他狗尿的氣味，或是想確保其他狗能優先察覺他們的氣味。當然，有時狗兒排尿，單純是因為需要尿尿。

我們也清楚，狗兒覺得其他狗兒的尿液比他們自身的來得有趣許多，比起關心自己尿過的地方，他們會花上更多時間調查其他狗兒尿過的位置[9]。狗狗通常聞尿聞得入迷的時候，很難吸引他們的注意，即使有超好吃的零食也沒用。馬克的狗兒傑索之所以贏得了胡佛吸塵器的小名，正是因為他喜歡把濃濃尿味吸光光。

狗狗和他們的野生親戚偶爾會抬腿，卻沒有排出任何肉眼可見的尿液，這稱為乾式標記 (dry marking)。狗兒做乾式標記的原因還尚未釐清，但馬克假設抬腿是種視覺訊號，告訴其他狗兒尿已排出，即便事實上並沒有排尿，如此一來，尿液就可留待真正需要的時候再用。還蠻常見的情況是狗抬腿做乾式標記，幾秒過後接著馬上排尿，這告訴我們狗兒其實還有尿。馬克與他的學生曾記錄，當狗兒處在其他狗的視線範圍內，會更常出現乾式標記，代表該動作是可能是視覺訊號[10]。

狗兒也常在排便排尿後抓地板，狗兒腳掌有氣味腺體，抓地的時候，他們也許在試著透過腳掌，或是透過分享大小便的氣味，來傳遞嗅覺訊息給其他狗兒。留下視覺記號，可能是另一種形式的社交溝通。

綜合上述例子，狗兒可能混合使用排尿、排便和抓地等嗅覺與視覺訊號，強化要傳遞給其他狗兒的訊息。換言之，在你繼續往前走以前，給他們點時間在排尿排便以後抓抓地，讓狗兒寫完他們想寫的訊息。

讓他們滾滾

光是想像要在剛除過的草、半乾魚屍、牛大便、駝鹿大便或其他噁心東西上頭滾來滾去我們就全身不舒服，但是對狗來說可是極具吸引力，因為這是狗兒天生行為的一部分，他們的野生親戚也會這麼做。

為什麼狗喜歡滾臭臭？我們還真想不透，也許他們想掩蓋自身的氣味，或是藉由炫耀身上濃烈或不同的氣味來發布宣言。無論原因為何，狗兒出現該行為的動機強烈，我們至少應該要偶爾讓他們滾滾囉。有時候需要禁止狗狗去滾臭臭的原因其實很簡單，因為我們大多數的人都會希望狗在滾臭臭以後，進家門前得先洗個乾淨舒服的澡，但是我們不一定有時間幫他洗，而且過度清潔也對狗兒的皮膚造成負擔。狗兒腦中幾乎不可能聯想滾完臭臭和回家後就得洗澡這兩件事的關係，所以可別期待他會因此記取教訓未來都不去滾了。

保護他們的氣味身份：避免狗香水和除臭劑

美國寵物零售商沛可 (Petco) 的廣告這麼說：「使用沛可販售的狗狗香水、古龍水和除臭噴霧，直至下次沐浴前都能長保狗寶貝香氣。」但是潔西卡的狗兒貝拉會第一個跳出來告訴你，她真的不喜歡自己聞起來像櫻桃或茶樹，她寧可聞起來像自己。狗兒氣味就是他們的身份，我們也許沒有意識到自身的氣味，但狗兒絕對瞭解自身和我們的氣味特徵。所以為了讓狗順利做自己，讓狗兒保有自己的味道吧。

美容師常使用有濃郁香氣的洗毛精與潤髮乳，為的是讓狗兒聞起來「怡人」，意思就是讓他們身上散發出我們喜愛的味道。沒人知道這些濃烈的人工氣味是否令狗反感，但就狗兒鼻子的敏感度來推測，是蠻有可能的。雖然人類也會受氣味強烈觸動，但程度還是遠不及嗅覺導向的狗兒，因為狗兒是利用氣味和其他狗溝通，一但洗澡或是噴香水改變了、抑或是蓋過他自身的氣味，會增加狗兒之間交流的難度。

為狗兒打造舒適居家環境有一項相當重要的考量，那就是廣泛考慮氣味偏好和需求。人類可能覺得香香的床單很舒適，但狗兒寧可自己的被褥聞起來熟悉又有自己的味道。我們離家整天時，狗兒可能因身邊圍繞著令他放鬆的氣味而感到安慰，意思是家中充斥著他們自己的狗味、最愛的人類的氣味、或是家中其他寵物的味道。

請記得，當你要搬家、帶狗一起旅行、僱用友善的保母到府顧狗、或無法帶狗兒一起出門而送他去他最愛的住宿時，請幫他帶他最喜愛的髒枕頭或臭臭填充玩具，帶有熟悉氣味的東西可以幫助狗兒更加放鬆，減少焦慮。

避免嗅覺過載

狗兒的嗅覺敏銳，有沒有可能因為同時出現太多氣味或是氣味接踵而來出現嗅覺過載？這樣的疑問也不無道理。狗兒受到各式氣味刺激，但會因為他們過度沈溺於喜愛的味道而造成反效果嗎？

也許難以想像，但狗的健康的確可能會因過度的感官刺激而受損。長期暴露在強烈氣味之下，或是持續受同樣氣味轟炸，都有可能導致感官過載。若狗兒的鼻腔原已充滿強烈氣味，也有可能無法辨識其它重要的氣味，例如能警示危險的氣味，或是附近某隻不太友善的狗兒氣味資訊。

就像我們所處的環境如果有太多背景噪音，我們就聽不到其他人說話，腦袋也無法保持清晰，而強烈的氣味對狗來說，也許就像是惱人的背景噪音。

目前並沒有相關的研究，探討強烈氣味是否會造成狗兒反感，或是損害健康，但這點仍值得我們思考。濃烈的香水、消毒除菌劑、香氛蠟燭、空氣清香噴霧，基本上都有可能對狗兒的鼻腔造成衝擊，過度使用的時候也常會對人類造成相同影響。難道說要和狗兒生活在一起，就再也不能噴香水或古龍水了嗎？也不能用風倍清 (Febreze) 除菌消臭噴霧噴灑狗床了嗎？當然不是，但如果能節制使用的話，狗兒應該會很感激。而且不使用風倍清是好主意，狗兒生活當中已經充斥各式人造氣味，從我們使用的洗衣精、地毯和家具中的甲醛，到牙膏中的薄荷，他們努力在人類主導的世界中生存，生活中每分每秒感官都受到衝擊，而我們能做的就是協助他們免於接觸過多強烈的人造氣味。

與狗共事的人已經開始意識到這點，舉例來說，因為瞭解到氯和其它消毒劑會令狗反感，跟隨馬提 · 貝克 (Marty Becker) 醫師「狗兒零懼」(fear free) 模式的獸醫院，選擇使用如過氧化氫等沒有強烈化學氣味的清潔劑，用以減少曾造訪診所的動物所留下的恐懼費洛蒙[11]。部分的獸醫、訓練師、收容所以及研究人員也在嘗試找出能使狗兒感到平靜的香氣，例如薰衣草香[12]。

屁股：犬類關鍵通訊中心

許多狗喜歡聞屁屁，人類可能難以理解為什麼肛門周圍對狗兒來說充滿了致命的吸引力，而且還相當迷人。對我們來說，狗兒的屁屁看起來和聞起來都差不多，但對狗兒來說，有些屁屁散發某種氛圍，需要進一步調查。

為什麼聞屁屁對狗很重要？從正規研究中不太能得知相關資訊，但是極有可能是因為狗兒由聞屁屁獲得個別身份的資訊，喬伊聞起來是這味兒，蕾拉聞起來是那味兒。另一種可能則是狗兒透過聞屁屁可以得知對方的性別或是生殖狀態。狗的鼻子在屁股周圍徘徊的時候也同時從對方的肛門腺收集資訊，能瞭解對方情緒狀態，例如是否感到害怕或焦慮。總結來說，聞屁屁這事令我們尷尬又不自在，但是整個肛門區域是犬類的關鍵通訊中心，我們要尊重這項狗界事實。

人類的鼠蹊部也是狗兒嗅覺地景的一部分，大家都知道狗兒喜歡把鼻子貼到人類的鼠蹊部聞聞，這動作讓我們很尷尬。聞鼠蹊的狗兒不是變態，他們是偵探。人的鼠蹊是耐狗尋味和饒富氣味資訊的部位，由狗兒的角度來看，把鼻子塞進某人的鼠蹊並不粗魯，相反的，這是打招呼、收集資訊、彼此寒暄的正常方式。我們可以教導狗兒別對陌生人這麼做，但假使發生了我們也不該氣惱。

打嗝、放屁和口腔氣息

狗打嗝的時候我們常笑出來，但除了會發出音效以外，其實打嗝並非全然無禮，在某些情境下，打嗝可能具有社交功能。馬克的朋友瑪姬 ·特瑞倫 (Marjie terEllen) 就說，她有隻 5 歲大的伯恩山犬班森，喜歡朝她走來，面對面看著她的雙眼然後對她打嗝。他似乎覺得這樣很好玩，其它時候也沒看他出現這動作。這難道是班森打招呼，或是說「我愛你」的方式嗎？還是說他只是在和他的人類鬧著玩？瑪姬相當確定班森並非在模仿她或是她女兒亞莉安。

打嗝放屁實屬正常，有些人認為狗兒喜歡放屁，但答案顯然我們無從得知，而且也沒理由這麼想，應該說起碼他們不會比人類還愛放屁。有人覺得狗兒放屁很噁心，有些人自己放屁的時候還會讓狗背黑鍋，但總歸一句，所有的狗兒都會放屁。有時候狗兒排氣會露出驚訝貌；有些狗兒則是間接默認自己放屁，比方說在排氣以後轉頭好奇地看著自己的屁股，或是直接離開房間。放完屁以後狗兒通常會像沒事一樣繼續做自己的事，我們也該同樣地淡然處之，狗不該因為放屁而受懲罰，好比斥責一番然後驅之別院，他們是無法理解人類這種蠻橫反應和作風的。

雖說狗兒都會放屁，但是過度的脹氣或打嗝也可能是嚴重的疾病徵兆，這可就不是玩笑了。要先瞭解狗兒正常與異常時的狀態分別為何，放屁通常是腸胃不適的跡象，可能代表飲食改變，或是某些食物不適合他的腸胃；也有可能是腸胃疾病，例如炎症性腸病或食物過敏。隨著狗兒老化，因為肌肉張力的流失，括約肌控制力下降，變得更容易排氣，人類老化時也是如此。潔西卡 15 歲的狗兒瑪雅經常放屁，潔西卡已練就一身聞屁辨位的功夫，得知現在瑪雅在哪個房間。

狗兒口腔氣息是另一個讓我們覺得有趣的埋怨點，他們簡直像要開我們玩笑一樣，似乎老愛貼超近，一股腦地往我們臉上呼氣。一般來說，成犬的口腔氣息比幼犬不好聞，「幼犬味」相當獨特且甜美，這和口腔當中還缺乏細菌有關。成犬開始長牙，幼犬時期口腔中的美好氣味消失，變得平凡無奇。某程度的口臭對狗來說是正常的，但特臭的話則可能是身體出現問題的另一跡象。蛀牙、齒齦炎、牙齒感染、或是其它嚴重病況都可能引起口臭。若狗兒口腔氣味的改變帶有惡臭，就該帶去請獸醫檢查。

讓狗兒養成至少每週刷一次牙的好習慣可保牙齒健康，對狗兒來說是一大福音。享受刷牙的狗兒不多，但如果從幼犬時期就做起，讓刷牙變得有趣，對於習慣養成有所幫助。有口味的牙膏、大量零食和讚美，能讓刷牙的經驗變得正面。如此一來，狗兒可以擁有健康的齒齦，而你獲得的最大獎勵，就是狗兒的口腔氣味維持在你可以接受的範圍內。

本章注釋及參考資料

1. Alexandra Horowitz, *Being a Dog* (New York: Scribner, 2016), is all about dogs' noses.
2. For more on a dog's nose, see Frank Rosell, *Secrets of the Snout: The Dog' s Incredible Nose* (Chicago: University of Chicago Press, 2018), and Horowitz, *Being a Dog*.
3. Although dogs have superior sniffing skills compared to humans, the long-standing assumption that humans have poor olfaction turns out to be more myth than fact. The nineteenth-century anatomist Paul Broca noted that humans have a small olfactory bulb, relative to overall brain size compared to other mammals, and interpreted this to mean that we relied very little on our olfactory sense that we are "nonsmellers" and that we suffer from what later came to be called *microsmaty*, or "tiny smell" (a defect that Freud thought made humans susceptible to mental illness). Broca's dismissal of the human sense of smell led to an overall scientific neglect of this human sensory skill. New research in neuroscience suggests that the human olfactory system may be just as complex and discriminating as that of other mammals. See John P. McGann, "Poor Human Olfaction Is a 19th-Century Myth," *Science* 356 (May 12, 2017): 597, http://science.sciencemag.org/content/356/6338/eaam7263.
4. Horowitz, *Being a Dog*, 48.
5. Having a compromised sense of smell is only one of the potential issues faced by brachycephalic or short-snouted dogs. Because the upper jaw of the skull has been compressed (through selective breeding), the soft tissue of the nasal passage is crammed within the skull, and this can lead to difficulty breathing. These dogs are at high risk of developing brachycephalic obstructive airway syndrome, which can be life threatening for the dog and expensive for the owner. Several studies have shown that many owners of brachycephalic dogs do not believe their dogs have breathing problems, despite clear physical symptoms. Instead, they think that the snorting and snuffling sounds made as the dog breathes are just "normal" for "this kind of dog." Veterinary groups are concerned about the increasing popularity of some brachycephalic breeds. For example, Kennel Club registrations of French bulldogs shot up from 692 in 2007 to 21,470 in 2016. The British Veterinary Association has launched a campaign to educate prospective and current owners of these short-nosed breeds about how to identify common health problems. Prospective owners are encouraged to consider a different breed altogether or a cross- breed, or to look for healthier versions of the

brachycephalic breeds, which have been bred to have slightly longer snouts. See, for example, Nicola Davis, "Think Twice about Buying 'Squashed-Faced Breeds,' Vets Urge Dog-Lovers," *Guardian*, January 5, 2018, https://www.theguardian.com/lifeandstyle/2018/jan/05/think-twice-about-buying-squashed-faced-breeds-vets-urge-dog-lovers; and Royal Veterinary College, "Worrying Numbers of 'Short- Nosed' Dog Owners Do Not Believe Their Pets to Have Breathing Problems," *Phys-Org*, May 10, 2012, https://phys.org/news/2012-05-short-nosed-dog-owners-pets-problems.html.

6. Horowitz, *Being a Dog*.
7. Sophia Yin, in *Secret Science of the Dog Park*, directed by Jeremy Nelson (Canada: Stornoway Productions, 2015); see Bekoff, "Dog Park Confidential," chap. 8 in *Canine Confidential*.
8. Nancy Kerns, "Walking the Dog On Leash: Why Is It So Hard for People?" *Whole Dog Journal*, October 22, 2017, https://www.whole-dog-journal.com/blog/walking-the-dog-on-leash-dragging-pulling-21725-1.html.
9. Because dogs failed the so-called "mirror test" developed by Gordon Gallup in the 1970s to test self-recognition in chimpanzees, it was long assumed that dogs didn't have a sense of "self" as separate from "other." But in "ecologically relevant" self-recognition tests based on olfaction, dogs clearly distinguish between "me" and "you." See Introduction, note 15.
10. Marc Bekoff, "Butts and Noses: Secrets and Lessons from Dog Parks," *Animal Emotions* (blog), *Psychology Today*, May 16, 2015, https://www.psychologytoday.com/us/blog/animal-emotions/201505/butts-and-noses-secrets-and-lessons-dog-parks; and Marc Bekoff, "Scent-Marking by Free Ranging Domestic Dogs: Olfactory and Visual Components," Biology of Behavior 4 (1979): 123–39; also see Bekoff, "Who's Walking Whom," chap. 5 in *Canine Confidential*.
11. See Fear Free (https://fearfreepets.com); and Janice K. F. Lloyd, "Minimising Stress for Patients in the Veterinary Hospital: Why It Is Important and What Can Be Done about It," *Veterinary Sciences* 4, no. 2 (June 2017), https://www.ncbi.nlm.nih.gov/pmc/articles/pmc5606596.
12. Marc Bekoff, "Dogs' Noses in the News: Scents Reduce Stress in Shelters," *Animal Emotions* (blog), *Psychology Today*, April 21, 2018, https://www.psychologytoday.com/us/blog/animal-emotions/201804/dogs-noses-in-the-news-scents-reduce-stress-in-shelters.

味覺

狗的味覺敏感度遠遠不及人類，他們只有大約 1,700 個味蕾，而人類有 9,000 個左右。人類能嚐到以下五種味道：鹹、甜、酸、苦、鮮。就目前所知，狗兒僅能嚐到鹹、甜、酸和苦味。瞭解動物在味覺上的差異非常有意思，舉例來說，豬的味覺比人來得敏感，他們有大約 14,000 個味蕾，雞只有大約 30 個，而貓咪有 470 個左右。演化過程當中，貓咪偵測甜味的基因消失了，味覺是演化上的調適，是為了評估某物是否可食用，但恐怕人狗之間對於「可食用」的定義各異其趣。若你曾看狗吃飯，你會懷疑他們到底有沒有在品嚐，因為無論是點心還是正餐，通通囫圇吞棗唏哩呼嚕地噴得到處都是。許多狗兒的餐桌禮儀對人類來說很嚇人，但他們絕對很享受送到嘴巴裡頭的東西。

狗兒面對不同的食物，明顯有不同的味覺表現。潔西卡有兩隻狗，貝拉和瑪雅，他倆毫無相像之處，貝拉吃飯是照單全收，願意吃蘿蔔、豌豆、蘋果、覆盆子，以及任何提供給她的食物；瑪雅則是不喜歡水果和蔬菜，無論蔬果是否已經淋上濃濃肉汁，她都會小心翼翼從食物裡挑掉。馬克的狗兒傑索是徹頭徹尾的雜食動物，他來者不拒，給的食物全吃光，地上和流理臺上找到的都掃空，在外出沒的時候也絕不放過任何屑屑，他的小名之一就叫銅牆鐵胃傑不挑。然而馬克的另一隻狗伊努克卻極度挑嘴，即使是專為狗兒設計的濕食肉餅，四周還淋番茄醬，他也會把頭撇開。要換做傑索，絕對二話不說立刻吃光光。變化是生活的調味料，狗兒的確像我們一樣，享受體驗多樣的味覺感受，畢竟誰想要天天都吃相同的食物呢？實在太無聊了。

讓他們吃義大利麵

狗兒專欄通常都反對給狗食用人吃的食物，但並沒有科學實證指出人的食物一定對狗不好，其實有時候人類的食物對自身都有害了，並不是因為人吃的食物本身對狗壞到哪去。事實上人食和狗食的界定只是行銷花招罷了，狗和人類共同演化，一部分是因為食用了人類的剩飯和丟棄的食物。說麵包或義大利麵之類的食物對狗不好，其實沒有任何科學根據。先不說那些大家公認不健康或是有毒的食物，我們吃的食物對狗來說大多都還算安全，但請留心下方所列的食物警示表。此外，我們丟掉晚餐碗盤裡吃不完的肉，然後另外去開一罐牛肉罐罐給狗當晚餐，這簡直令人匪夷所思，這麼做不僅浪費食物，對狗也沒比較健康。所有的加工食物都一樣，狗罐頭通常使用次等材料製作，大概很難比新鮮或現煮的牛排來得令人滿意[1]。

談到飲食，有些人常會把狗拿來和他們的祖先狼群相比，狗食廣告可能大力宣傳「滿足你家狗兒的原始慾望」，或是「狗兒會進化，但本能猶存」。瑪雅最愛的零食品牌之一叫「我的小狼」，是火雞肉幸福口味。廣告詞看起來雖然可愛，但在談論餵食建議的時候，把狗與狼相提並論可能錯誤百出。首先，現代的狗兒很少像狼一樣需要從事消耗大量熱量的行為和活動。再者，狗和狼也許已經沒有相同的營養需求，舉例來說，研究人員最近發現一項狗與狼之間有趣的基因差異，也就是狗比狼看來更有能力消化澱粉。狼基因組當中只有 2 個 α- 澱粉酶 2B(AMY2B) 的基因套數，有助於胰臟處理澱粉，而狗則有 4 個至 30 個該基因套數[2]。談到飲食，把狗當狼一般對待，就生物或營養方面來看並不合理。

事實上，儘管我們聽了許多來自狗食製造商、獸醫和自稱狗兒專家的說法，但是所謂理想的犬隻飲食內容，我們不知道的可還多著。這些說法很少獲得科學研究和實證的背書，不如就把它們當作是個人意見和軼聞看待吧，因為有些說法明顯是企圖要販售各種品牌的狗糧。進一步來說，最重要的是仔細去觀察你家狗兒喜愛和討厭哪些食物，迎合他們喜好。

舉例來說，許多獸醫師建議狗兒吃同種食物，絕對不能換，因為有些狗在轉換食物的時候肚子會不舒服。飼主固然要瞭解自家狗兒的腸胃消化模式，但許多狗兒都快樂地享受各種食物變化，所以別害怕嘗試，狗兒就是我們最好的老師。至少許多食品公司會提供數種口味的乾糧，都具備相同的營養基礎，即便是消化系統敏感的狗兒都能享受吃不同口味的乾糧，這個月吃鮭魚，下個月吃雞，腸胃又不會反應過度。

狗兒顯然讀不懂食品標籤，常會把對他們不好或是有毒的危險食品給吞下肚，我們的責任是瞭解食物的內容，確保他們吃得安全又健康。攸關狗狗生死最明顯的例子就是巧克力，食用大量的巧克力對狗有毒，有些敏感的狗兒只要吃進隨處找到的小碎片就會出問題。如果你的狗兒會去掃流理臺，就絕對不可以把一大顆巧克力蛋糕擺在那兒。除了巧克力以外，還有較不為人所知的禁忌食物也都不能讓狗接觸。如果要讓狗多方體驗和品嚐，一定要避開會對他們造成傷害的食物和添加物，例如巧克力、洋蔥、大蒜、酪梨、肉豆蔻、葡萄、葡萄乾、澳洲胡桃(夏威夷果)、咖啡因、酒(精)、大麻、木糖醇(在部分無糖食物和口香糖裡頭使用的代糖)。最後,如同前述,要記得加工肉品和甜食絕對是不健康的食物,拿熱狗、巧克力蛋糕奶油捲和汽水當午餐,對人來說都不好了,何況是狗。

味覺輔助嗅覺:狗兒的「第二鼻」

狗擁有部分人稱之為「第二鼻」的構造,名為犁鼻器 (VNO) 或傑克森氏器 (Jacobson's organ),該構造具有感覺神經元,能偵測化學物質,並透過味覺的參與來強化氣味。犁鼻器是主要鼻腔內的一組細胞,舌頭雖不是犁鼻器的一部分,但它可將化學物質送進犁鼻器。舉例來說,在貝拉舔嚐他狗尿液的同時,犁鼻器強化氣味,幫助她更能判斷是誰撒了這泡尿。犁鼻器特別擅長偵測費洛蒙,這些化學物質是能夠增進社會互動的重要資訊。

雖然人類會傳送與接收化學訊號,犁鼻器卻不具功能,但是我們能觀察到其他哺乳類動物使用梨鼻器的行為。例如,部分的有蹄類動物好比山羊,會去嚐母山羊的尿液,查看她們是否發情、準備交配。嚐尿液的同時,公山羊會翻起上唇,這是裂唇嗅反應 (flehmen response)。馬和貓也會做出這種逗趣、翻上唇、露牙的表情,但狗兒基本上不會像這些動物一樣完整表現出裂唇嗅反應[3]。雖說如此,狗會用其它方式運用他們的犁鼻器。有時候狗兒在舔過尿液或是舔拭其它強烈氣味以後,他們的牙齒會打顫,也可能會出現頂舌 (tonguing) 的動作,舌頭快速並重複地頂向上顎,將化學物質送入犁鼻器,有助分析氣味。

狗常把舌頭伸至我們難以接受，覺得尷尬的東西或地方，例如舔另一隻狗的尿液。但是舌頭在強化狗兒感官經驗的時候扮演相當重要的功能，所以上述的情境是另一個我們需要放下「行為合宜」執念的時刻，要去瞭解狗兒文化脈絡中的行為表現。

吃噁心的東西：野宴

兩年前，潔西卡帶瑪雅到美國科羅拉多州夫魯塔附近的沙漠散步時，瑪雅找到一連串的饗宴：鹿的大腿骨、已乾的牛糞、偽裝成垃圾的一小片神秘食物、還有不知道多久以前來這野餐的人所落下的豬肋排。潔西卡母性保護的直覺高漲，追在後頭拿走一個又一個瑪雅找到的東西。到最後，潔西卡的先生克里斯跟她說：「妳何不就讓瑪雅做自己呢？」

是啊，犬類的基本直覺之一就是找尋食物，而且狗兒對食物的定義和我們不同，不只是超市買到的乾糧才叫食物，除此之外，什麼是**可食用、美味、營養**，雙方的概念恐怕也不見得相同。無論狗兒決定放進嘴巴裡頭的恐怖東西是否有營養價值，我們應該讓狗當狗，讓他們想要的時候就可以品嚐這世界。

當然，有時候為了我們自己好也是得設個底線。馬克猶記他的狗兒摩西，一隻巨型阿拉斯加雪犬，他開心地享用完牛糞後接著會跑向馬克，驕傲地向他炫耀氣味的同時，還從嘴巴噴出幾塊屎。有次摩西正在吃整坨的牛糞，馬克只能阻止他，因為他們得一起搭車回美國科羅拉多州的波德市，在車上如果瀰漫臭味那可是無處可躲。

大家應該不意外，獸醫用幾個專有名詞描述狗兒吃噁心東西的行為，對我們來說最令人作嘔的也許是狗兒吃其他動物的排泄物，該行為稱做**食糞性 (coprophagia)**，希臘字根的 phagein 代表「吃」，copros 代表「糞便」。瑪雅特別喜歡鹿和麋鹿的便便，上頭最好再佐一點草原狗便；換作是鵝便的話，那就是無糞能出其右的頂級美食了。狗兒食糞的原因不明，獸醫伊恩 · 比令赫斯特 (Ian Billinghurst) 在他的著作《請給狗兒一根骨頭》(*Give Your Dog a Bone*) 當中，描述食糞是狗兒食腐生活型態的自然表現。他說狗兒「在人類感到極度反胃的物質當中，獲得有價值的養分，好比嘔吐物、糞便、以及腐爛中的肉」。比令赫斯特又說，對狗而言糞便也許是具有高度價值的食物，因為裡頭含有許多可作為天然益生菌的細菌，能增加額外的細菌至腸道微生物群[4] (microbiome)。

部分狗兒會吃自己或其他狗兒的糞便，幼犬吃自己糞便的機率比成犬大，通常長大之後這習慣就沒了。除此之外，狗兒似乎偏好新鮮的便便[5]，大多數的情況下狗兒糞便當中會有蟲和細菌，但是他們吃下去不會傷身。

雖然該行為是自然的，但是食糞性有時候會是潛在疾病的徵兆，可能是腸胃不適或是腸道營養吸收不良。遇到這樣的情形應該要和獸醫討論，尤其是當狗兒突然出現食糞行為而且情況加劇，或是在吃完一頓便便以後感到不適，就更要特別注意。既然我們不知道為何狗兒食糞，代表這個領域值得一探究竟，但是我們也能理解為什麼有聲望的科學家可能會選擇其它研究領域，特別是那些正在擔憂是否能獲得續聘的科學家。

非食物的物品也可能會進到狗兒的嘴裡後被吞下，無論是意外或刻意都有可能。一位獸醫朋友最近向潔西卡憶起他曾在狗兒胃中取出各式各樣奇怪的東西，包含了襪子、酒瓶塞和塑膠暴龍玩具。毫無疑問，吃下異物會對狗造成生命危險，飼主也會破財，畢竟異物會噎住喉嚨、造成腸道阻塞、撕裂食道、腸道或胃。

舉例來說，有些狗兒會從玩具裡頭拉出塑膠啾啾發聲器然後吞下肚。去年夏天的某日早晨，潔西卡一位幼犬朋友帕比正開心地在咬啾啾玩具，帕比的飼主看了帕比一眼，發現她已將玩具開腸破肚，把啾啾發聲器咬了出來，飼主正伸手要把啾啾拿走的那一刻，啾啾已經入喉。後來必須開刀把塑膠啾啾從帕比的胃中取出，現在帕比的家中絕對不會再出現啾啾的蹤影。

異食癖 (depraved appetite/pica) 指的是狗兒會吃土、石頭、木頭或其它非食物的物品。科學家雖然尚未瞭解異食癖的全盤成因，但是其中一個可能的解釋，是因為狗兒可能缺乏某種營養，例如鐵質。異食也可能由心理因素引發，也許是對壓力的反應，人類當中尤其是孩童也可能患有異食癖。我們顯然不應該讓狗兒什麼都吃，要時刻留意他們放進嘴巴的東西，因為有時候他們無法正確判斷哪些東西可以吃下肚。例如瑪雅在夫魯塔找到的豬肋排就不適合吃，因為煮過的骨頭會碎裂，傷害狗兒的腸胃。獸醫不認同食用生骨的安全性，雖然有人說提供生骨能健康地滿足狗兒啃咬需求，但也有人擔心生骨可能破壞牙齒，還有藏在生食、生骨裡頭的大腸桿菌和其它有害細菌也可能帶來傷害。

我們身為負責任的狗兒監護人，有衝動想保護狗兒免於各式危險，雖說出自好意，但也要確保我們對狗兒的要求不會走火入魔，要善用自身判斷，避免他們吃下會致病或有害的東西，只是別做過頭了。

永遠要提供新鮮的水

和所有的哺乳類一樣，狗兒有品嚐酸、甜、苦、鹹的受器，就目前所知，狗沒有第五味 (fifth taste)，也就是鮮味受器，鮮味通常用以描述可口或肥美的滋味，嚐到鮮味似乎是因為味覺受器會對名為麩胺酸的胺基酸有反應。狗兒或許還有和人類不同之處，具有嚐出水味的能力。水對動物的影響比我們想像中還來得深遠，而且哺乳動物的大腦可能擁有感知水的專門神經細胞，昆蟲和兩棲動物都有這些神經細胞。部分研究者甚至曾提出水是第六味[6]，雖然並非所有的科學家都同意這樣的說法，但是部分仍提出狗兒的確擁有品嚐水的味覺受器。這些受器位於舌尖，也就是狗兒舔水喝的位置。舌頭上該位置的味蕾似乎在狗兒吃了鹹或甜食以後變得特別敏感，狗兒心理學家史丹利 · 柯倫 (Stanley Coren) 認為品嚐水的能力是「動物已經食用了會增加尿液排泄、或需要更多水才能充分處理的食物以後，爲保持體內液體平衡，演化而來的方法[7]」。

狗兒聞得到水嗎？根據飼主親身經驗表示狗兒可能聞得到水，而如此的公民科學可以幫助啟動更加正式的狗兒感官世界研究。舉例來說，2017 年 1 月初，馬克坐在波德市一家咖啡店的戶外區，和正巧路過的一隻尋血獵犬交上朋友。經獵犬湯米的飼主同意後，馬克一邊按摩湯米的肩膀，一邊和飼主聊著湯米友善的性格、美麗的長耳和厲害的鼻子，下一秒湯米開始往一碗他壓根不可能用眼睛看到的水盆前去，湯米的飼主稀鬆平常地說道：「他能聞到水的味道。」馬克感到訝異，因為過去從未思考過這個可能。

當研究還正在持續挖掘狗兒是否能嚐出水或是聞到水，有個重要事實已經出爐，那就是狗兒喜歡新鮮涼涼的水，勝過一直放在那兒已經好幾天、不新鮮的溫水。這也簡單解釋了為什麼全世界的狗兒似乎都想喝馬桶水，馬桶水比較好喝是因為沖馬桶的頻率，可能比美國前總統林肯的愛犬菲朵水碗裡頭的水更新頻率還高。喝馬桶水雖說不太可能會造成重大問題，但馬桶本身有可能殘留清潔劑和藏匿細菌。如果你和狗兒同住，要確保水碗裡頭的水比馬桶水新鮮又好喝，重新引導狗兒專注使用自己的水碗。

對所有的狗而言，水不見得相同，所以懂得自家狗兒的喜好很重要。有的狗兒對自己的水不太挑剔，但也有狗兒相當講究品味，不願從公共水碗喝水。就拿瑪雅來說，如果水被別的狗「污染」過她就不會去喝，包含狗公園或是咖啡店外的公共水碗都是，無論多渴都不喝。所以帶瑪雅去健行或外出處理雜務的時候，潔西卡務必要隨身幫瑪雅帶乾淨的水和水碗。相反地，馬克在當地狗公園認識的一隻狗兒名叫哲羅姆，越髒的水他越愛，他的飼主說到目前為止哲羅姆還沒有因此生病過。

接下來的建議再明白不過，但是在忙碌生活中偏偏很容易忘記這道理，請幫家中狗兒一個大忙，確保他們隨時能取得新鮮的水；每天清潔狗兒的水碗，如果可以的話，一天換個幾次水，這是簡單改善狗兒生活的方法，從我們自身的經驗就知道沒什麼會比一杯新鮮清涼的水來得更令人滿足了。

水碗為什麼要每天洗？第一，是因為把乾淨的水放進髒臭的碗裡頭，水馬上就髒了，無法為你的狗提供潔淨的飲用水。第二，狗的水碗髒得那麼快，是因為他們喝水的方式。狗兒喝水並非像我們一樣用啜飲的，而是伸出舌頭到水中，舌頭後捲成小杓狀以後，把水往後舀起再往上收。去找一段狗兒喝水的慢動作影片，看了以後你鐵定吃驚[8]。狗兒舌頭拍打水面的運作方式解釋了為什麼喝水的時候會有這麼多口水、涎和亂糟糟的東西，過程中很多細菌也跑進水裡。細菌在什麼環境最容易成長？就在靜止的溫水裡頭。

這就是為什麼如果水碗每天用肥皂和熱水清洗，再定時換冷水，你的狗會開心許多。

讓口水飛

所有飼主都熟悉，但卻沒幾個人愛的，就是狗兒的口水，又稱為涎。本質上而言，**口水**和**涎**指的是已經離開狗兒嘴巴的唾液，通常黏在你的褲子、臉頰、或是餐桌下的地板。唾液再正常不過，口水也是。狗的唾液腺不停地製造並分泌唾液到口中，當他聞到或嚐到誘人氣味的時候，唾液分泌便會增加[9]，完全無法避免。

和人類的唾液相同，狗兒的唾液能幫助進食和消化，裡頭含有水、黏液、電解質和酵素。唾液將食物組合成一種滑滑的食團，也潤滑口腔和食道，食團得以順利地下嚥，而不會損壞喉嚨的內壁。唾液幫助乾食溶解，而且唾液中的酵素能分解澱粉，在消化過程當中不可或缺。雖然聽來和直覺相反，但是唾液也在幫助口腔維持清潔，因為會沖走食物殘渣。唾液的產生和口腔與舌頭上的味覺、觸覺有關，唾液分泌是由大腦控制，也解釋了為什麼某些刺激能增加唾液的產生，舉例來說，一隻非常焦慮的狗在經歷雷雨的時候會分泌唾液。分泌唾液也是狗兒透過蒸發液體來冷卻身體的方式，過度分泌可能表示身體有過熱的問題。

流口水是反射動作，不是一種行為，狗無法控制反射，所以千萬不要因為他們掛著口水蹦蹦跳跳，或是口水甩得滿天飛而對他們生氣。如果你不介意狗兒流點口水，但又不那麼享受口水雨的話，可以避開部分犬種，例如聖伯納、獒犬、尋血獵犬和紐芬蘭犬。上述犬種的兩片上唇肉比較鬆垂，這類構造的變異導致他們口水很多。

口水量當然有分一般量級和重量級，狗兒可能從看著某人大快朵頤香噴噴食物的時候，口水就從臉頰滴下來。我們常取笑狗兒流起口水來像尼加拉汪瀑布，但是有件重要的事情要記得，就是過多的口水或是過度分泌，都可能是嚴重疾病的徵兆，例如牙周病、噁心、焦慮、口腔或牙齒疾病、動暈症。嘴部的疼痛或受傷，也可能導致狗兒因無法吞嚥而流口水。**流涎症 (ptyalism)** 一詞，是獸醫專指口水過度分泌的花俏詞彙。流口水有解方嗎？有，隨身帶著毛巾或圍兜兜把過多的口水擦掉，但是千萬不要過度極端，例如買嘴部尿布，或是手術重塑狗兒的嘴唇。狗應該要有正常流涎的自由，事實上，我們要讚揚狗兒的特殊才能。每年的 11 月 16 日是國定口水欣賞日，請和其他狗兒口水愛好者分享你心目中最愛的狗兒口水照。

總而言之，每隻狗都會流口水，因為這件事而惱怒是在浪費精力。你應該先瞭解自家狗兒「正常」的口水量是多少，如果他過度分泌口水，請預約獸醫看診。除此之外，請接受口水一事，愛你的狗兒，也要愛他們的口水。

為食物而努力的喜悅

有時候人們會說希望自己是狗，因為就能整天到處躺、四處聞、流口水、玩耍、茶來伸手飯來張口。但是你可能會很驚訝地發現，懶散的生活並非狗狗真正想要或需要的。針對多種不同動物的研究指出，他們寧可選擇為獲得食物努力，也不想吃白吃的午餐。看似有違常理，但其實在科學文獻裡頭早有記載。舉例來說，1970 年代針對鴿子的研究發現，就算現場已經有和獎勵相同的免費食物可以吃，他們會持續啄鑰匙以獲得食物獎勵，研究者有時稱此現象為「反不勞而獲」(contrafreeloading)。

反不勞而獲的行為已在多個不同物種身上觀察到，包含狗、小鼠、大鼠、猴子和黑猩猩。研究當中明顯的例外是家貓，他們似乎偏好由自家貓奴伺候。

養一隻狗以上的人都知道每隻狗願意為食物努力的程度不同，訓練師通常會用狗狗是否受「食物驅動」(food motivated) 來描述這種傾向。有些狗兒願意學才藝或做其它事情以獲得食物，也有些狗兒只想要什麼都不做，賣萌就會有人來餵食。顯然，犬類工作道德存在個體差異，想瞭解自家狗兒，並且盡可能提供最佳生活的方式之一，就是要意識到不同個體在面對費勁工作時態度上的差異。有的狗兒因為天生勤奮而有工作動機，有些則較容易放棄，通常我們可能說他們懶惰，但是要避免貼標籤、下評斷，只要單純回應狗兒天生的個性就好。如果你的狗喜歡為食物而努力，那就請他們做點事以賺取食物，保持生活趣味。

研究人員指出，為了如食物等的獎勵而努力的動機可以分為兩個層面，第一個層面叫做外在動機 (extrinsic motivation)，也就是獎勵本身，好比乾糧或餅乾；而第二個層面是內在動機 (intrinsic motivation)，是個體為了獎勵而打拼所獲得的成就感。付出努力或認真工作都具有令動物和人類滿足的本質，因為會產生正面的感覺。我們大腦獎勵中心的設定是辛勤工作就能換取快樂，正如動物們會覺得付出努力或認真工作令他們愉快，而缺乏有意義的工作或是活動的時候，反倒覺得有壓力或無聊。

若干正面壓力，或研究人員所說的「良性壓力」(eustress)，例如經要求而去努力賺取食物，會是充實豐富的體驗，重要的是要能判斷良性壓力何時會變調成為惡性壓力。事實上，對動物提出太多要求，無論是叫他過度工作或是叫他無所事事，動物都可能陷入心理壓力。舉例來說，狗兒會受習得無助 (learned helplessness) 之苦，該現象由馬丁 · 賽里格曼 (Martin Seligman) 和他在美國賓州大學的同事共同初次深入研究。

習得無助的定義，是當動物瞭解到無論再做什麼都無法幫助自己脫離當下的情境而全然放棄。曾有一組殘忍的實驗便利用逃無可逃的電擊；實驗中，在狗兒和其他動物經訓練學會了只要完成某件事情就能避免電擊以後，下一步改變實驗方向，無論動物做了什麼嘗試，都無法避開電擊。另一個實驗是把大鼠放進四面光滑的水箱，毫無逃生可能，大鼠會拼命游啊游，游到某個程度後就放棄而溺斃。

該實驗名為行為絕望 (behavioral despair) 測試，上述是研究憂鬱症最常運用的方法，恐怕也是最不人道且應受譴責的研究形式。然而就我們目前對習得無助的認識，可以用來幫助我們瞭解狗兒同伴在無法擺脫惡劣環境時所承受的壓力，包含慢性疼痛，比方說關節炎；生活長期枯燥乏味[10]；持續被鍊住；持續暴露在恐懼的事物中，例如頻繁的巨大噪音；身體處罰，例如拽扯牽繩。

動物顯然需要有掌控所處環境的感覺，為了食物努力便提供了某種程度的掌控感。畜牧業和動物福利的早期研究中，由於農場動物和實驗動物能夠透過推動控制桿而獲得掌握環境的結果，例如獲得食物、水以及光照，長大後也因此變得更加自信、勇於探索、焦慮感降低。簡單說，比起那些同樣受迫住在相似飼養條件，卻完全無法控制自身環境的動物，前述動物的情緒要來得健康許多[11]。

多數的狗兒都愛吃，鼓勵他們為餐點或零食而努力是賦予挑戰的好方法，也豐富了他們的生活，但是請記得，**詢問**狗兒要不要努力賺點食物，和**強迫**他們去做，是兩碼事。有些訓練師堅信狗兒永遠不該吃到免費的食物，為了每一小口的乾糧，狗狗都應該要表演一項才藝，或是表現「聽話」的行為。如果這真行得通，而且狗兒也不會因為每次為了食物都得表演而感到壓力的話，那也許是可行的方法。請以狗兒的需求為出發點，而不是想著如何控制他們。例如馬克的朋友大衛曾經鼓勵他的狗兒魯斯帝站立轉圈以獲得零食，魯斯帝顯然喜歡這麼做，但他並不需要為了獲得大衛的關注或是食物而做，因為就算大衛請他轉圈，魯斯帝不想做也照樣能拿到食物。

食物是非常有效的訓練工具，但狗兒的一生並非只是服從聽話就足夠，餐與餐之間為表示友好而給他們零食也完全沒問題。人與人之間的交際也是如此，這麼做對人對狗都好，背後的理由是相同的，因為能建立並維持有力又正面的社交關係。

針對生活枯燥的狗兒，行為環境豐富化通常可透過食物和餵食時間進行。如果我們得出門好些時間，或是正忙著打電腦，為狗提供娛樂的方法之一，就是給他們食用需要花點時間才能吃完的東西。寵物店能找到許多不同的藏食玩具，對喜愛挑戰的狗兒來說很棒，但也有可能造成狗的挫折，所以務必要用心觀察你的狗。自製的食物挑戰包括了冷凍花生醬冰棒，還有用 Kong、小型保鮮盒 (Tupperware) 或是優格盒塞狗兒的濕食去冷凍，除此之外，食物冰塊和冷凍幼兒食品也都是選項。你可以上網找尋更多創意，有時候挑戰一下狗兒，藏起食物請他們去找。

以適合自家狗兒的方式提供食物

提供狗兒吃什麼的確重要，但是提供食物的方法也一樣重要，能培養並維繫你和他之間長久堅穩的連結關係。該如何餵食並沒有一體適用的規則，每隻狗兒都該當作獨一無二的個體看待。身為狗兒同伴的照護者，我們能做的是留心給食物的方式，必須考慮狗兒的身形、體型大小、身體能力，還要由他的飲食風格來斟酌碗的形狀、大小、位置和高度。哪種進食方式對你的狗兒來說最享受也最簡單呢？幾個狗兒感到受挫的進食情境如下：飢腸轆轆的狗兒想從光滑的平盤上吃乾糧，乾糧一直往外跑，舌頭舔不到；巴吉度獵犬每次吃完飯以後有一半的食物都黏在耳朵上；巴哥得拼了命才能把鼻子放進深碗的碗底。對老犬而言，把碗架高吃起來更舒服，這對超大型犬也很適合，因為你可以試想吃飯的時候得把頭彎到膝蓋以下才吃得到有多辛苦；同樣的，淺碗對幼犬和短吻的狗兒較友善。

有些狗兒的確餐餐狼吞虎嚥，飼主也喜歡拿來炫耀，只是野生動物除了在特定情境以外，平時不見得會吃這麼快。吃太快或是囫圇吞棗的狗兒可能會因此生病，這時候使用慢食器也許是個好方法。用手餵食幼犬是好事，除了幫助建立他們對你的喜愛，也能夠在有其他年長、大隻的狗狗在場時避免食物競爭，運用不同的供食方法也能夠減少年長狗狗之間因偏好不同進食方式而產生的競爭。

幫狗狗維持健康又勻稱的體態

「免於受到過度餵食的自由」聽來似乎不可思議，但吃太多有礙健康，而健康狀況不佳就會扼殺自由。狗兒過重有一長串對健康負面的影響，可造成發炎、心臟疾病、關節炎、韌帶和肌肉傷害、呼吸問題以及肝臟疾病，上述問題和發生在人類身上一樣，都會損害狗兒健康，削弱狗兒散步、跑步和玩耍的樂趣，更因此降低整體的生活品質。

據估計，美國和英國有過半的狗兒都過重[12]，獸醫談到犬類肥胖危機，以及公共衛生專家談論人類肥胖危機的時候，他們的態度都一樣迫切。許多專家都認為肥胖是造成寵物健康隱憂的主要原因之一，人和狗一同變胖其實不意外，因為我們和狗都吃很多垃圾食物，飲食量大於身體所需，而且運動量不足。過度餵食屬於不當對待，會造成嚴重的後果。潔西卡曾聽說有人從當地收容所領養了隻狗，三個月後因為在新家胖了 18 公斤所以又給帶回來。狗加入了中途計畫，他必須先待在中途家庭多做運動，恢復正常體重以後才能再開放領養。

狗和人一樣，暴飲暴食和營養不良是可以同時發生的，很多狗界的垃圾食物，例如 Pup-Peroni、Snausages、Pup Corn 等品牌在寵物店架上都找得到，包裝設計專門吸引人類消費者。和人類一樣，狗吃一點垃圾食物不會因此縮短壽命，但沒有人或是狗能一輩子都吃甜甜圈過活。

要送進狗兒嘴裡的東西都要先謹慎思考，就如同要給人類小孩吃的東西我們也會有所顧忌。想想狗兒食物裡頭的營養成分，不能只看便宜就買，別忘了一分錢一分貨的道理，在市場上很多所謂的「食物」都是垃圾。雖說如此，也有許多中等價位又高品質的產品可選擇。好好研究，和獸醫討論狗兒個別的營養需求，才能找到足以提供合適營養且狗狗又享受的食物。許多寵物店推出「不滿意可退」的政策，如果你的狗不喜歡的話可以退貨，這樣一來你和你家狗兒就可以多方嘗試。

最後，如果你的狗肚子有點圓，記得計算餐點和零食的總卡路里數，因為單靠目測要知道半杯乾糧是多少實在太難了，你可以試試目測半杯以後，再檢驗自己的準確度。如果給過重的狗吃剩菜剩飯，那他正餐就要減量，或是把剩菜剩飯算進正餐的一部分。面對永遠吃不飽的狗狗，我們可以把每天分配好的食物總量分成數小餐，幫助他們更有飽足感。拿瑪雅來做例子，她現在已經是老犬，每天吃 4 小餐，甲狀腺問題讓她感到非常飢餓，餐與餐之間的間隔對她來說簡直度日如年。一天要給狗兒吃一餐或是兩餐並沒有一定的規則，但要小心計算每日所需總量，才不會餵過頭壞了健康。

每隻狗顯然在食物的需求和消化程度上皆有不同，如果給狗兒吃加工乾糧或罐頭，要記得包裝背面的餵食建議不一定適合你的狗。狗糧製造商所給的建議餵食量通常都會誇大，畢竟他們的目的是提高銷售量。

食物和餵食在情感上也可能很複雜，例如狗兒吃的食物可能會影響他們的心情[13]，而且有些狗兒是因為情緒壓力而想進食[14]。此外，對許多人狗來說，食物就等於愛，人類使用食物和餵食來建立與狗之間的信任和情感連結，狗狗則非常擅長讓人揪心，渴望地看著我們，好像他們真的已經要餓死了，明明半小時前才吃過飯的啊，偏偏我們又不忍心剝奪餓肚子的狗狗真心想要的東西，於是餵進更多的食物！但如果放任狗兒體重過重，對他們一點幫助都沒有，控制他們的飲食，維持他們的健康體重就是我們的責任。關於食物和餵食，最後附上兩則有意思的研究趣聞。第一則，拉布拉多獵犬是出了名的愛吃，原來其來有自，拉布拉多的一項基因突變，導致他們非常飢餓[15]；第二則，如果你的狗沒有體重過重的疑慮，可以在他們的飲食中加一點脂肪，可能會有出乎意料的效果，狗攝取的脂肪量比蛋白質多的話，可能會強化嗅覺[16]。

啃咬的重要

狗兒並不只是為了吃而啃咬，他們會因為喜歡或甚至需要而啃咬。幼犬需要啃啃來釋放長牙的疼痛，有些狗兒會咀嚼或啃咬骨頭，好清潔牙齒或自我娛樂。

不幸的是狗兒和我們同住，他們部份的啃咬行為並不討喜，當他們咬爛電視遙控器、新鞋或是太陽眼鏡的時候，我們當然會感到心煩。

狗兒自然無法分辨他們該或不該去啃哪些東西，他們分不出哪個填充玩具是專程買給他，而哪個又是孩子放床上的摯愛泰迪熊。咬錯的時候最好不要責罵，單純將行為重新導向就好。啃咬本身並非不好的行為，它是狗兒正常而且自然的行為，只要我們把昂貴的鞋收好，把危險物品放在他們拿不到的地方就沒事了。就像面對蹣跚學步的幼兒，成人有責任要確保狗兒無法拿到他們不該拿的東西，萬一咬壞了不該咬的，該挨罵的是我們自己而不是狗。

雖說如此，啃咬與其他行為一樣，一旦過度就代表可能有問題。例如著魔般的啃咬可能是精神上痛苦的跡象，狗兒可能正在嘗試處理厭煩、焦慮或寂寞的情緒。如果狗狗長時間獨自待在家，或是未獲得足夠的刺激，可能導致壓力和憂鬱 (詳情可參考〔為食物而努力的喜悅〕之段落)。這樣說來，狗兒明明是因為努力適應壓力源所以才出現了啃咬、吠叫、挖地或其它「不好」的行為，卻還反過來受到懲罰，是相當不公平的事，他們需要我們的協助而不是處罰。啃咬方面，我們可以常提供有別於沙發，安全又適合的替代品，例如 Kongs、牛鞭棒 (bully sticks) 或 Nylabones 潔齒骨。我們也應該給予狗兒足夠的關注、運動和刺激，以解決困擾他們情緒的根源。

關於狗兒的理想飲食還有諸多爭議，就連什麼適合狗兒啃咬也還眾說紛紜，許多獸醫建議不要給骨頭，因為可能會破壞狗的牙齒。有些人認為牛鞭棒很好，也有人擔心它含有大腸桿菌；有些人相當信賴牛皮骨，也有人覺得狗會有噎到的危險，或是擔心製作過程中所使用的化學物質不安全。我們能做出的最佳建議，是好好瞭解市場上的選項，再根據狗兒的偏好、自身預算，以及兼顧食用安全與啃咬滿足的前提下做出合理的選擇。

本章注釋及參考資料

1. A1. The ethics of what - or who - to feed our dogs is complicated. It is worth noting that many dog owners are "animal lovers" who, for themselves, have chosen a plant-based diet. Some of these people feel uncomfortable feeding meat to their dogs because of the suffering imposed on farm animals, but they do so anyway because they believe that dogs need meat in their diet to be healthy. Others decide to feed their dogs a vegan diet, whether homemade or one of the few commercially available vegan kibbles. Dogs are omnivores and can likely have their nutritional needs met by a vegan or vegetarian diet. But there isn't yet much scientific research into what the ideal vegan dog diet would look like or how it would affect a dog's long-term health; adequate data do not yet exist that speak to the question of whether vegetarian or vegan dogs have lower-quality lives or die younger.
2. M. Arendt et al., "Diet Adaptation in Dog Reflects Spread of Prehistoric Agriculture," *Heredity* 117, no. 5 (November 2016): 301–6, https://www.ncbi.nlm.nih.gov/pmc/articles/pmc5061917.
3. This *Slate* essay describes the flehmen response and, more importantly, includes a link to a variety of images of animals making the flehmen face: Jason Bittel, "Why Do Dogs, Cats, Camels, and Llamas Make That Weird Face?" *Slate*, January 12, 2016, http://www.slate.com/blogs/wild_things/2016/01/12/dogs_cats_and_other_animals_flehmen_response_to_smell.html.
4. Ian Billinghurst, *Give Your Dog a Bone: The Practical Commonsense Way to Feed Dogs for a Long Healthy Life* (Mundaring, Western Australia: Warrigal Publishing, 1993).
5. Benjamin Hart et al., "The Paradox of Canine Conspecific Coprophagy," *Veterinary Medicine and Science* (2018), doi: 10.1002/vms3.92.
6. Emily Underwood, "Scientists Discover a Sixth Sense on the Tongue for Water," *Science*, May 30, 2017, http://www.sciencemag.org/news/2017/05/scientists-discover-sixth-sense-tongue-water.
7. Stanley Coren, "How Good Is Your Dog's Sense of Taste?" *Canine Corner* (blog), *Psychology Today*, April 19, 2011, https://www.psychology today.com/blog/canine-corner/201104/how-good-is-your-dogs-sense-taste.
8. For example, see Carl Engelking, "How Dogs Drink Revealed in Super Slo-Mo Video," *Discover*, November 25, 2014, http://blogs.discovermagazine.com/d-brief/2014/11/25/how-dogs-drink-revealed-in-super-slo-mo-video/#.wl1e5n-nguk.

9. Many people, when they think of dogs salivating at the smell of food, call to mind the work of Russian physiologist Ivan Pavlov and his research on dogs. Pavlov distinguished between "unconditional" salivating that occurred when food was presented and salivating as a "conditional reflex" in response to a lab technician in a white coat - something that had become associated with food - even when no food was present. Unfortunately for Pavlov's dogs, his research methods were barbaric. For the record, he never trained a dog to salivate to the sound of a ringing bell - something for which Pavlov is famous. For a quick review, see Michael Specter, "Drool: Ivan Pavlov's Real Quest," *New Yorker*, November 24, 2014, https://www.newyorker.com/magazine/2014/11/24/drool.
10. Barbara King, "Dogs and Pigs Get Bored, Too," *National Public Radio*, August 10, 2017, https://www.npr.org/sections/13.7/2017/08/10/542438808/dogs-and-pigs-get-bored-too.
11. Michael W. Fox, *Laboratory Animal Husbandry: Ethology, Welfare, and Experimental Variables* (Albany: State University of New York Press, 1986), 117–18.
12. For UK statistics, see Alexander J. German et al., "Dangerous Trends in Pet Obesity," *Veterinary Record* 182 (2018), https://veterinaryrecord.bmj.com/content/182/1/25.1. For US statistics, see the Association for Pet Obesity Prevention website, https://petobesityprevention.org.
13. Eleanor Parker, "How Your Dog's Food Affects His Mood," Australian Dog Lover, April 2018, http://www.australiandoglover.com/2018/04/how-your-dogs-food-affects-his-mood.html.
14. Jessica Pierce, "Is Your Dog a Stress-Eater?" *All Dogs Go to Heaven* (blog), *Psychology Today*, March 27, 2018, https://www.psychology today.com/us/blog/all-dogs-go-heaven/201803/is-your-dog-stress-eater.
15. Eleanor Raffan et al., "A Deletion in the Canine POMC Gene Is Associated with Weight and Appetite in Obesity-Prone Labrador Retriever Dogs," *Cell Metabolism* 23 (2016): 893–900. See also Alexander Bates, "Why Are so Many Labradors Fat?" New Scientist, May 4, 2016, https://www.newscientist.com/article/2086840-why-are-so-many-labradors-fat.
16. Carly Hodes, "More Fat, Less Protein Improves Detection Dogs' Sniffers," *Cornell Chronicle*, March 21, 2013, http://news.cornell.edu/stories/2013/03/more-fat-less-protein-improves-detection-dogs-sniffers.

觸覺

觸覺如同其它感官有許多面向，這個章節裡頭，我們認為觸覺涉及的範圍很廣，觸摸不僅是狗的肢體與世界的接觸，還包含了與物理環境以及與他人他狗之間的互動。

狗兒會「觸碰」這個世界，正如字面所述，當他們行走、奔跑、玩耍和嗅聞的時候都是如此。因此有部分觸覺研究涉及了肢體活動，例如出門散步、狗公園喧囂玩耍、搭車兜風。狗打招呼的時候會碰碰鼻子，也許用鼻子碰對方屁股來收集資訊，當他們蹭我們的腿或是到床上窩在我們身邊的時候都會有碰觸；想當然，在我們摸摸、梳毛和抱抱狗兒夥伴的時候也會碰觸到他們。

相較於狗的嗅覺和味覺，對於犬類觸覺經驗我們瞭解得較少，甚至一無所知。舉例來說，狗兒是如何理解人類的觸摸？為什麼有些狗看似喜歡被摸，有些不喜歡？對觸摸反感是在社會化過程當中形成的嗎？哪一種早年經驗會造成狗覺得被觸摸非但沒有安撫的效果，反而還覺得不舒服？為什麼有些狗就是不喜歡人的手？不喜歡被摸的狗應受到尊重，摸摸與否應該永遠要按照他們的喜好行事，而非按我們的喜好，如同人與人之間的觸摸，徵求同意很重要。

狗之間的近距離接觸通常伴隨著觸摸，有可能會增加或移除正在共享的消息。我們曾目睹狗兒慢慢走向一隻感到壓力的狗，接著在對方身旁趴下，將一隻腳掌放在她的背上，彷彿在說「沒事的」或是「我在這兒，妳可以放心」。偶爾狗也會互相理毛，經常把肚肚貼著隔壁狗兒的背入睡，相擁讓他們感覺舒適。觸摸也可能導致潛在一觸即發的狀況，例如某隻狗粗暴地把腳放在另一隻狗的背上，結果迅速遭到對方強烈的斥責。如果在公園觀察狗兒玩耍，你會發現每隻狗在接觸其他狗、其他人(包含朋友和陌生人)以及周遭環境的方式都有各自的風格。

項圈與牽繩：控制和自由，該如何平衡

我們安排且控制狗兒的生活和社交，決定他們每天幾點鐘去哪兒散步、散步多久，也許更巧妙地透過項圈和牽繩限制肢體，引導狗兒動作的速度和方向。此類控制的工具常常是必要的，但我們必須保持警覺，因為工具會以多種方式箝制狗的自由，工具本身也可能有害。我們的目標應該是運用這些工具來幫助狗兒獲得更多不同的正向肢體經驗和社交經驗，讓狗兒有越多能動性 (agency) 越好。

先來想想項圈，畢竟項圈直接接觸狗的脖子。市場上有很多類型的項圈，對狗來說有不同影響。目前最常見的是扁型項圈，大多數的狗兒配戴的是扁型項圈上加名牌，扁型項圈可以拿來帶狗散步，前提是狗從不拉扯牽繩，也不會無預警地追趕或飛奔，但很少有狗沒拉扯過牽繩。狗的脖子很脆弱，會因為猛烈急扯項圈而受創，甚至可能因為持續硬拉而

受傷。我們多數人都看過狗兒興奮想往前進的時候會扯緊項圈，扯得快要喘不過氣，呼吸聲聽起來還有點像星際大戰的黑武士，這也是為什麼越來越多的訓練師和獸醫師建議狗兒散步或跑步應該要穿戴胸背。

緊縮項圈 (choke collars) 如 P 字鍊以及環刺項圈，是設計來讓狗兒在拉扯的時候感到疼痛，如果使用時沒有格外當心，也沒有在嚴格控管的條件下使用，可能會對狗造成嚴重傷害。許多訓練師建議完全屏棄使用這類項圈，一部分的原因是因為造成傷害的風險極高。有別於一般認知，狗兒脖子的皮膚並沒有特別厚，當頸部受壓時，毛髮也起不了保護作用。舊金山愛護動物協會 (SPCA) 的網站指出，人類脖子的皮膚有 10 至 15 個細胞厚，而狗兒只有 3 到 5 個。網站又說：「所以呢，如果你認為戴環刺項圈在你脖子上會痛，想像一下皮膚厚度更薄的狗兒作何感受[1]。」按照上述邏輯，察斯 · 陶德 (Zazie Todd) 博士經營的同伴動物心理學網站上說道：「我們總認為狗兒因為有毛髮，皮膚自然比人類更能受到保護。但狗的頸部其實是非常敏感的區域，想想頸部的構造，裡頭有氣管等重要器官，對氣管施加壓力，對任何狗來說都沒有好處，尤其對原本呼吸就辛苦的短吻犬情況更加嚴重[2]。」環刺項圈和緊縮項圈通常用在有嚴重暴衝問題的狗身上，儘管會不舒服，許多狗還是會繼續拉扯，使得頸部有受傷的危險。面對很會拉扯牽繩的狗，扣環在胸背前方的設計被視為是傷害相對較小的選擇，因為利用了狗兒通常討厭往前衝的時候被拉到一側的感覺。

電擊項圈 (shock collars) 是人類用遙控器對狗的頸部施以電擊的器材，多數人普遍認為有疑慮，也受到獸醫、動保人士和訓練師非常嚴格的檢視。尤其目前「電子項圈」(e-collars) 變得愈加便宜，在寵物店和線上購物都更容易找到，令人憂心的是萬一飼主沒有足夠的訓練技巧，或是不了解狗兒的行為知識，勢必會不明就裡地採取對狗有害的方式來使用電子項圈。若電擊項圈落在初學者手裡，對狗來說無疑是天大的壞消息；話說回來，無論是誰來操作，電擊項圈的存在對狗來說都是倒霉事。蘇格蘭曾擔憂此類器材唾手可得，加上大眾普遍認為它無效又殘忍，因此於 2018 年 2 月宣布禁止使用電擊項圈[3]。其他已經禁止使用電擊項圈的國家包括了德國、挪威、瑞典、奧地利、斯洛維尼亞、瑞士、威爾斯、以及澳洲部分的州份和領地，我們期待未來有更多國家加入。

項圈和牽繩通常一起使用，因為大多數的項圈能連接到某類型的牽繩上。狗兒住在人類環境裡頭做出的妥協圍繞在牽繩上頭，某種程度來說，牽繩在人狗關係當中可能永遠不會缺席。雖然我們很希望可以不用顧慮要上繩的法律和條例，讓狗兒能像早年一樣自由奔跑，但事實上，牽繩也許一直都是人狗關係的一部分。考古學家在阿拉伯沙漠的砂岩懸崖發現了最早描繪狗兒的洞穴雕刻，可追溯至 8000 年前，圖中是一位帶著 13 隻狗的獵人已弓張上弦，當中有 2 隻狗的脖子繫著細線牽到獵人的腰上，勾勒出看似是牽繩的工具，也暗示著人類開始訓練獵狗的時間點，遠比過往推測的還要來得早。考古學家不確定這條細線所代表的到底是真的繩索、牽繩，或單純只是獵人與狗之間羈絆的象徵[4]。

說到底，牽繩只是工具，好似人狗之間的臍帶，用起來可巧可拙，用得好的話，能給狗兒參與世界的機會，也可以是強化自由的重要關鍵，沒有了牽繩，狗就無法和我們一同暢遊各地；要是用得不好，牽繩會嚴重束縛肢體與剝奪感官，造成傷害。我們要回應牽繩兩端的變化，散步需要人狗之間不斷地協調，相互體諒。

拉扯牽繩無疑是人狗之間最常見的爭端，也是許多人不願帶狗出門散步的原因之一，要帶一隻又拽又拉的狗散步實在是令人頭痛。使用牽繩散步對狗來說並非自然行為，這的確違背他們奔跑和探索的本性，所以我們經常需要投入大量的時間和關注來訓練狗兒上牽繩時能好好走。牽繩訓練對幼犬來說極為重要，但就算是未受過禮貌牽繩訓練的成犬仍能學會配合他們的人類。對人類來說，花時間幫助狗兒習慣牽繩，以及瞭解使用牽繩會帶來的好處，都是為了要與狗兒一起快樂地散步。

帶狗散步：從事活動、時光共享、權力拉扯

對與狗同住的人來說，散步不僅是優質活動，也是與狗培養和維繫穩定社交連結的好方法。但是散步的確也可能成為權力的拉扯，對雙方都帶來負面影響[5]。當這類的拉扯上演時，吃虧的通常是狗。

人類通常想知道狗兒每天需要多少肢體和感官的活動，好似真有處方寫著「每日散步 30 分鐘，早晚各 1 次，每週服用 7 次」。想要知道適當活動量的念頭很好，可惜需要散步多久並沒有定律，因為每隻狗都不同，不同的狗生階段也有差異。幼犬通常需要大量的玩耍和活動，但是不應該過度散步和奔跑，因為他們的肌肉、肌腱和骨骼仍在發育。老犬還是需要保持活躍，很重要的是得找到適合他們的活動，狗兒老化的過程中，有些狗兒需要短一點且簡單一點的散步，也許可以增加嗅聞的時間，認為老狗對生活沒有熱情或是不需要散步其實是錯誤觀念。

狗兒當然需要肢體活動，但是有其限度，因為好事過頭反成壞事。我們倆都住在波德市，這區的超級運動員密集度超高，週末早晨你能看到他們剛游完泳或騎完腳踏車，挺著精瘦結實又汗水淋漓的身體走進咖啡店，接著又要和他們的狗繼續 16 到 24 公里的越野跑。狗喜歡跑，有些甚至享受跑個 24 公里，但是我們的狗兒同伴因為想要讓我們開心，即便早已超出他們能力範圍，通常還是會勉強跟著繼續跑或是健行。我們需

要畫定安全界線，留心他們的極限在哪。如果狗在長途健行或跑步的時候斷然拒絕繼續，他就是想要休息，那也沒什麼。當狗兒用行為告訴我們：「親愛的，今天不適合繼續，我累了！」，我們應該要尊重他的請求。

先撇開波德超級運動員過度鍛鍊的狗兒不說，總體來說多數的寵物狗活動其實不足，得以離開家裡和後院，走入世界探索的總時數也差強人意。對於活動量，訓練師常見的共識是早上、下午或晚上各 1 小時，這是不錯的目標，但很少有狗能幸運獲得這麼長的散步或是跑步時間。最近針對英國飼主的調查顯示，平均每日有 20% 的狗散步 1 小時，43% 的狗散步 31 到 59 分鐘，有 34% 散步 11 到 30 分鐘，3% 散步 10 分鐘或不到。這些百分比指的是還能出門散步的狗，信不信由你，調查同時發現英國有 9 萬 3 千隻狗從來沒有出門散步過[6]。

無論如何，對許多人來說與狗共享人生表示每天要散步，這件事常會變成例行公事，總是在相同的時間、地點和路徑散步。雖說有例行公事的感覺，但是散步不只是散步，每天都能有所不同。不是扣上牽繩走出門口就叫散步，有時我們會把散步當作是必須完成的家事雜務，有時候當作是自己運動的機會；有時候我們催促狗兒快點上廁所，有時候又會讓他們逗留；有時候我們會和狗「一起」散步，把散步當作是神聖的相處時光，有機會在大自然當中享受彼此的陪伴；有些時候我們是「為了狗狗」才勉強出門，當他們正盡情釋放的時候，我們卻在做白日夢、傳簡訊和朋友聊天、心不在焉。

看待散步的態度可能代表了我們如何看待自己和狗之間的關係。舉例來說，請花一些時間想想下列的問題：散步是為了誰？散步是我的日常活動，或是狗的日常活動？散步的目的是什麼？是有目的地的散步嗎？是為了接近大自然、為了清空大便、還是為了讓狗當狗，選擇聞聞他們想要的東西？無論我們懷著哪種想法，散步本身就是狗兒和他們的人類夥伴之間權力關係的協商，散步的時候牽繩的鬆緊度可能告訴我們當下人狗特定的關係，鬆鬆的牽繩也許象徵著人狗和諧散步，而緊緊的牽繩可能表示雙方能動性的抵觸，也就是說人狗要往哪個方向走、走多快、由誰來帶領可能是有衝突的，換言之，是誰在控制誰。

湯瑪斯 · 弗萊徹 (Thomas Fletcher) 與露易絲 · 普拉特 (Louise Platt) 兩位動物地理學的研究者最近發表了一篇有趣的研究：《狗兒散步當真這麼簡單？動物地理學與散步空間協調[7]》(Just a Walk with the Dog? Animal Geographies and Negotiating Walking Spaces) 。他們認為帶狗散步涉及的層面相當複雜，要考慮人狗雙方的個性，加上散步時繁複的交涉過程，有時候甚至關係到權力的拉扯，弗萊徹與普拉特寫道，散步本身是人和動物關係的展現，也是鞏固或是削弱這段關係的關鍵。

為了這份研究，他們針對英格蘭北部經常帶狗兒散步的人士做了深度訪談，多數受訪者覺得有義務致力於「傾聽」狗兒，也認為散步是為狗提供一定程度的能動性和自由的機會。狗兒並非被飼主視為可隨處移動的物件，他們是散步當中的主體以及同伴，散步的時機、長度、以及地點的選擇，是根據受訪者判斷怎麼做最符合狗兒需要，多數受訪者談到散步時都會說散步是狗兒健康和幸福的根本，他們認為一天 2 次，每次 30 分鐘的散步是充足的。雖然大多受訪者在談到散步的時候，會認為是身為照護者義務的一部分，他們同時也認為和狗散步是自己想要也喜歡的事情。正如弗萊徹與普拉特寫道，研究的結果和狗兒照護文獻當中的基調有明顯反差，後者傾向把散步定調為令人討厭的雜務。

弗萊徹與普拉特還發現，人們理解到他們的狗兒擁有主觀經驗，能感受情緒，散步是為了讓狗快樂。他們還寫道：「人們普遍認為狗兒在戶外最快樂，也是在戶外他們最能展現狗兒本性。」舉例來說，珍談到了帶她的狗兒庫柏去散步的經驗，她說：

> 「最快樂的時光，當屬我們倆在原野間一人站一邊，然後庫柏全力奔跑，我們幫他計速，時速高達 48 公里，他看起來像是隻獵豹，有如野生動物，光是看著他跑就能讓我的心……該怎麼說呢，我感覺到身體的變化，這真是我從未體驗過的。」

弗萊徹與普拉特在訪談當中一再發現，人們會提到自家狗兒的特性、傾聽狗兒獨有的偏好、並表示願意給予狗兒能動性充足的空間。我們認為可以努力實踐的理想方向，是把散步當成幫助狗兒在人類環境的限制下還保有自我的方法。帶他們去野外，給他們空間去跑跑、聞聞、追逐、翻滾、做做記號、與其他的狗和人互動，當然一切還是得尊重狗兒的意願。

話說回來，散步可以是狗和人共享經驗並鞏固關係的方式，散步也可能是一段充滿焦慮、壓力、權力拉扯和不良互動的時光。人和狗之間會產生壓力，狗兒可能表現出了人類認定的「不良行為」，好比對其他的人或狗撲跳、吠叫、低吼，呈現憂慮不安或粗暴無禮，不然就是用力拉扯牽繩等等。當散步成為權力拉扯，狗往左而人往右，沒人會享受這過程。

當上述情形發生的時候，我們建議放鬆牽繩，和平化解這個狀況，整理出可能產生衝突的事情，花一些時間想想，自己想從散步當中獲得什麼，而狗狗透過行為又表達了他們盼望什麼。如果衝突經常發生，在出門之前試著調整你的目標和期許，盡可能讓散步滿足雙方的期待，這能協助確保散步強化你們之間的關係，為雙方帶來最多的樂趣。

解放你的狗兒：給予充足的放繩時間

牽繩是連結人與狗的象徵，將身體與靈魂相繫；而牽繩二字也如字面所示，是我們束縛狗兒自由最大的工具。牽繩限制了狗的動作和活動範圍、步伐及速度，好配合人類的偏好和要求，例如人類不想狗兒去某些地方，不想要他們碰或咬某些東西，還有不該在某些地點開挖。牽繩也意在限縮狗兒和他人或他狗進行社交互動的能力，我們不想放任狗兒隨意接觸他人或他狗，因為對方當下可能不歡迎、不欲見、不需要或不想要互動。

所以，放繩的時光提供狗兒難得的機會，讓身體、心理和社交方面能隨心自在地探索世界。我們建議試著找出能讓你的狗兒每天自主跑跑的地點，如果找不到，那就訂出**專屬**他們的日子，盡力配合他們的需要。

由於部分法律的規範，提供狗兒放繩時光的前提是做好充分和合適的訓練，要能安全地放繩，狗兒需要知道何時以及如何回到他們的人類身邊。波德市許多健行地區有所謂「聲音與視線」(voice-and-sight) 的規定，你的狗必須要在聽到你叫他的時候馬上回來，也必須隨時保持在你的視線範圍內，否則你可能會遭罰款，還會被公園管理員訓斥一頓。該規定目的是為了平衡並順應共享山林者的需求和福利，照顧到野生動植物、波德市居民以及其他的狗兒。雖然在波德市近郊有放繩的絕佳機會，但我們也看到有許多的狗從來沒有被放開過，我們最常聽到的說法是：「噢！波迪一定很想自由自在地跑，但我沒辦法放繩，一放他就不會回來了。」狗兒的自由與他們的人類願意投入多少時間和精神訓練有直接的關係，單單因為飼主不願意投注時間訓練狗兒而剝奪了狗兒放繩的機會實在太可惜了。

雖說如此，有些狗兒的人類監護人無論多麼認真地增進他們的召回技巧，的確有狗兒的召回就是練不來，有些狗兒具備非常強烈的狩獵本能，有些則很難集中注意力，而有些像他們飼主一樣超頑固。對這些狗兒來說，外出時牽繩就會是必須了。這樣的情況下，一般來說可考慮其它容許放繩自由活動的選項，並增加狗兒的選擇範圍，藉此擴大狗的自決。舉例來說，如果家中有個有圍籬的院子，可考慮安裝狗門，這是很好的增強作法，擴大狗兒周圍的環境，他們能選擇依照自己想要的時間到院子放風，不用等著被放出去，可以自己到戶外呼吸新鮮空氣，四處看看聽聽其他動物的聲音。

另一個放繩的機會當然就是狗公園，這對狗而言可以說是很棒的地點，他們能自在奔跑，與其他狗兒和人類一起互動一起玩。都會區的公園裡頭就屬狗公園成長最快速[8]，單是 2010 年，美國面積前百大的城市當中就有 569 座可放繩的狗公園，5 年來數量成長了 34%，而整體公園數量相較之下只成長了 3%[9]。部分的狗公園也為有特殊需求的個體做調整，有些城市提供介於家庭和狗公園之間的地點供人狗互動[10]。

和許多事情一樣，狗公園的合適性取決於狗兒、公園、常造訪的人們、以及上述因素的總和。狗公園對有些狗來說壓力相當大，每個公園因為特定來往的群眾而發展出自己的特性，就像人類的街坊一樣，除此之外，部分狗兒也覺得狗公園過度刺激或可怕，所以請務必傾聽你的狗。貝拉就沒那麼喜歡狗公園，除非現場空無一人，她自個兒可以享受到處聞聞的樂趣；傑索則熱愛狗公園，也愛他在那兒遇到的一切；而瑪雅雖然喜歡去狗公園裡頭玩，但是她家附近有隻她不喜歡的狗，對方也不喜歡她，之前有次就差點打了起來，所以如果瑪雅的「天敵」在狗公園出現的話，潔西卡就不會帶她進去。大原則和其它的主題相同，就是要去傾聽並瞭解你的狗，重視他們的喜好與選擇。

狗兒是高度社交、群體生活的動物，但是他們卻鮮少有機會能從事未經規劃和控制的團體活動(例如玩耍)，因為他們的社交互動通常都受到牽繩、圍籬和人類所限制。正因如此，人們很難體會給予每隻狗兒去和狗群互動的重要性，尤其是和有長期穩定成員的群體互動。

雖然狗公園成員通常不見得穩定，畢竟你無法知道誰會在哪天來或是哪些新狗會加入，但是狗兒至少能和狗群互動。的確，有時候人們會猶豫是否要讓自己的狗兒和不熟識的狗兒瘋玩狂衝，但是狗兒和人類一樣，能透過和陌生對象互動進而學習社交禮儀，當這類的互動不被允許，狗兒可能會錯失滿足部分重要行為需求的機會。這方面的深入研究肯定會很有趣，也可能具有重要的應用價值，得以幫助狗與狗以及人與狗之間的關係。

蘇薩 · 阿寇斯 (Zsuzza Ákos) 與她的同事研究放繩狗群的社交動態，他們觀察了同一戶 6 隻狗兒和飼主出門放繩散步的狀況，研究人員想探討狗群如何決定團體的動向，他們提出了幾個問題：群體當中有領頭狗嗎？如果有，是如何選出來的？抑或所有決定皆由狗群共同決議？研究人員觀察了「領頭狗與追隨者」之間的關係和決策訂定，試圖判斷每隻狗在社會階層當中的位置，是如何根據社交網絡以及狗兒的性格差異來決定的。此類社交互動是發生在放繩散步的時候，如果現場有牽繩的存在，研究就不可能進行，或是研究結果會因此大受影響。研究人員寫道：「群體若是無法整合行動，不能在重要事項上頭達成共識，例如決定要往哪個方向前進，群體的平衡將遭到動搖，當中的個體也會失去身為成員的優勢[11]。」因為牽繩大大影響了群體動態，進一步研究狗公園以外的放繩狗群，也許能幫助我們更加瞭解犬隻的社交動態。

最後，我們認為極度需要對牽繩、放繩時間以及散步等主題做更多的研究，我們知道牽繩影響了人與狗、狗與狗之間的社交動態，但卻不清楚到底是如何影響以及為什麼會影響。例如許多人曾說過家中平時親切的狗兒一上牽繩就變得兇悍或不友善，數本書曾經提及「牽繩激動反應」(leash reactivity)，該反應甚至已經成為行為診斷的類別之一，但是我們並不全然瞭解為什麼僅有部分狗兒會受牽繩觸發而出現此類反應，也不清楚上著牽繩是如何多方且大幅影響狗兒的感受與舉止。

扶植狗兒的友誼

狗兒喜歡去狗公園的原因之一是想要觸碰、看見、並且聞聞朋友們，或是和未來可能成為朋友的狗兒見面，幫助狗兒交友是我們能提供的美妙增強。狗兒喜愛的活動之一是玩耍，玩耍除了能夠自由自在，還需要另外兩項重要元素配合：樂趣和朋友。狗公園就是狗兒能一次擁有上述三個元素的好地方。狗兒對特定個體有偏好，馬克認識兩隻狗兒，莎蒂是小型長毛的米克斯，蘿西是身形纖細的拳師犬米克斯，她倆是最好的朋友。根據兩隻狗兒的飼主說，莎蒂一到狗公園馬上先尿尿，接著抬起頭來聞一聞，確認誰在場，然後幾乎每次都會跑回入口去等蘿西。如果蘿西已經先在公園裡頭的話，有 95% 的機率她會奔向莎蒂，接下來就玩得像是全世界只剩她倆一樣。

然而有趣的是當蘿西沒出現的時候，當下就算有其他狗上前來向莎蒂打招呼和邀玩，她還是會沿著圍籬踱步，環顧四周，顯然是在疑惑蘿西在哪兒。她通常大約會踱步 20 秒，差不多也是確認蘿西不在場所需要的時間，接下來莎蒂就會離開圍籬區，去找其他狗一起玩。

莎蒂如何在這麼短的時間內就知道蘿西沒來？我們不清楚，但是當莎蒂放棄等待，跑去找其他朋友一起嬉鬧玩耍的時候，她的判斷幾乎百分百正確：蘿西不會來。是否可以肯定地說，莎蒂和蘿西是朋友，她們寧可跟對方一起閒晃一起玩？是啊，她們的人類也同意這說法。莎蒂運用感官，或者甚至是時間感，展現了驚人本領辨別蘿西在場或缺席。如果蘿西不在，莎蒂會就此放棄享受狗公園裡頭的自由時光嗎？當然不會啊，哪隻狗捨得這麼做呢？莎蒂當下會直接去找其他狗兒一起嬉鬧玩耍，管他熟不熟。

和朋友一起玩超有趣，因為朋友之間互相瞭解對方的性格和玩耍風格，見面可以馬上開始玩，不用還得先正式詢問對方想不想玩或是交涉細節。老朋友不在場的時候，狗兒有機會在狗公園裡頭交新朋友，拓展社交圈。幾年前馬克很開心地收到一名波德市八年級生亞歷姍卓·偉伯 (Alexandra Weber) 寄來的電子郵件，詢問馬克是否能協助一項與狗兒玩耍相關的科展計畫。她徵召了自己的母親麗莎和姊姊蘇菲亞當她的田野助理以後，和馬克一起確立了主題，也就是熟識的狗之間玩耍互動，會否和不熟識的狗之間有所不同？亞歷姍卓原以為這麼簡單的題目設定早就有大量的相關研究了，但其實沒有，過去的研究中只有零散的資訊，從未有人深入鑽研。狗兒訓練師派翠西亞 · 麥康諾 (Patricia McConnell) 過去曾就類似主題寫過：「就我的觀察，我認為比起熟識的狗兒之間，不那麼熟識的狗兒玩耍的時候會做出較多邀玩的動作[12]。」也許這是因為他們必須先告訴不熟的狗朋友他們的喜好，畢竟都還不熟悉對方的玩耍風格，要是一頭就栽進去的話太冒險了。雖說如此，我們仍舊不知道真相到底為何。

亞歷姍卓的研究是很棒的公民科學 (citizen science) 典範，她用自家的兩隻狗，極度社交的叮噹，和對玩伴頗為挑惕的哈根斯作為研究夥伴，在波德市當地的狗公園進行研究。她發現熟識的狗之間玩起來較為粗魯，認識對方的話玩起來就不會這麼顧忌禮節，馬上就開始玩。研究當中所有的狗兒都表現出類似的行為，整體來說，互相認識的狗兒玩起來比較粗魯，也不會多花時間和對方互聞和打招呼；相較於和熟識的狗兒玩耍，互不相識的狗兒互動較為禮貌與尊重，他們在開始玩之前會花更多時間互聞、鼻碰鼻認識對方。

當然，這個題目需要更進一步的研究，亞歷姍卓和她的家人儼然已扮演了動物行為學家的角色協助尋找答案，馬克相當以他們為傲，而她的父親也變得對狗更加有興趣，更為成果錦上添花的是亞歷姍卓的研究贏得了科展的獎項。

瞭解狗兒的摸摸喜好

你可能不會坐下來深思到底家有寵物狗 (pet dog) 的意義為何，不過寵物 (pet) 一字的起源捕捉到了人與同伴動物關係中的重要元素。Pet 這個字的記載首見於 1508 年，源自中世紀英語的 pety 一字，意思是「小」。此字向來套用於非人類動物與女性身上，作為動詞可表「充滿感情地撫摸或輕拍」，作為名詞可表「某人對其有感情的事物」與「為了陪伴或娛樂而養在家裡的動物」。雖然這個字可能帶有無禮的意涵，但也指出我們與狗兒關係中的正面元素：身體接觸。接觸能夠拉近距離，黏合人類與動物的關係。

大家縱使不是科學家，也知道就算不是所有的狗兒都喜歡摸摸，但的確有不少狗兒確實很愛給摸。科學可以解釋觸摸在人與動物友誼上的正面角色，其重要性於過去幾十年早已確立，相關研究始於哈利 · 哈洛 (Harry Harlow) 聲名遠播也惡名昭彰的恆河猴實驗，由「鐵絲媽媽」養大的小猴子會因為缺乏母親的觸摸而有深度的心理創傷。觸摸對於正常的心理與情緒發展極為重要，不只是對人類嬰兒，對於所有哺乳類皆然，或許對其他動物也一樣。觸摸的感覺很好，可以降低血壓、減少皮質醇、緩和心率、增加催產素，而且對於人狗雙方來說都如此。

皮膚有毛髮的哺乳動物如人狗與其他動物等，有一群稱為 C 型觸感傳導 (C-tactile afferent) 的感覺神經元，輕柔撫摸這些神經元會刺激分泌催產素，也稱為「愛的賀爾蒙」，有此稱呼是因為催產素和哺乳類的信任、情感有關連。這些神經元對於粗暴的觸摸、夾捏或戳刺不會產生反應。不論是去摸或被摸，雙方都會因為摸摸產生很好的感覺。觸摸要具備何種質與量才能產生良好的感受，得視不同個體而定，不同的狗兒對摸摸的時機和類型有不同偏好，而哪種摸摸已經帶來打擾和不適也有各自的標準。

有些狗兒就是不喜歡別人碰，有些則是不喜歡陌生人或某種人碰，他們常被貼上「脾氣不好」、「個性很差」或是「冷淡無情」等等標籤，但是這樣對他們並不公平。這些狗兒不喜歡碰觸可能其來有自，比如過去曾遭受粗暴的碰觸或體罰等負面經驗，又或是天性如此。不論如何，我們都應該尊重狗兒的期望。

有時候就連平常很愛身體接觸的狗兒也會退縮，可能是因為身體疼痛所以觸摸的感覺變得不好，也可能是焦慮或壓力的徵兆。如果狗兒對於觸摸的耐受出現明顯改變，應該要去一趟獸醫院確認他們沒事。

碰觸應當按照狗兒的規矩來，也要獲得狗兒同意。我們要練習解讀狗兒的肢體語言來找尋線索，了解他們是否同意受到觸摸，以及何時何地，可以用什麼方式觸摸。比如，如果狗兒從你身邊移開或是身體變僵硬，多半表示他們不想受到觸摸。我們越瞭解狗兒的行為種類，特別是自己的狗兒，就越能尊重他們的選擇。為達此目的，記得仔細觀察你家狗兒與沒遇過的人之間有何互動，甚至建立行為譜；注意一下狗兒面對不熟的人時，有沒有跡象顯示他想不想認識這個人，或是給這個人摸。你是否注意到狗兒的尾巴、耳朵、眼睛、臉部表情和身體姿勢的樣子？

「個人空間」(personal space) 一詞常用來教小孩要尊重他人，也用來解釋為何未獲他人同意就碰觸他人，或是靠得太近，是一件沒禮貌又很擾人的事。**個人空間**是人類學家發明的術語，根據英文牛津生活字典 (English Oxford Living Dictionary)，其定義是「某人周遭的實體空間，侵入此空間可能讓人覺得受威脅或不舒服」。對個人空間的研究稱為「距離學」(proxemics)，此領域的學者發現動物主要是靠杏仁核來判斷需要多少個人空間，以及為何侵入此空間會啟動恐懼反應[13]。我們可使用相同的基本原則與狗互動：切莫未經狗兒同意就摸他，也不要沒先詢問就進入他的個人空間。至於多大的空間算「個人空間」，狗兒之間各有不同的認知。

值得注意的是個人空間是互相的，而狗兒並不見得都會時時尊重人類個體的界線。

比如說，有些人在狗兒撲過來或是蹭他們腿的時候感到很不舒服，特別是陌生狗兒，而有時狗兒也會忽略人類發出的訊號。對於個人空間認知不同，可能有損人與動物之間的連結，例如超級黏踢踢的狗兒給不喜歡觸摸的人領養，或是冷若冰山的狗兒卻被想要經常有身體接觸的人領養。領養時請記住這點：要考慮你自己對於個人空間的需求，以及狗兒展現出來的個人空間，當然，大家多少必須妥協一下。

表露情感：擁抱與舔舔

我們對狗兒的愛常用擁抱來表現，狗兒則常以舔我們回報，這兩種親暱的動作將情緒上的緊密轉化為身體上的親密。很多狗兒就像一塊會吸引擁抱的磁鐵，孩子特別喜歡伸出雙手環抱狗兒毛茸茸的脖子或身體。

雖是這麼說，但就像摸摸的時候一樣，要記得有些狗兒會覺得擁抱不舒服甚至可怕，每一隻狗兒也可能多少都有不想給抱的時刻。由於擁抱的距離感比摸摸更為靠近，突如其來的擁抱可能會引起狗兒緊張，他們的回應可能是空咬或甚至真咬。如果擁抱之前有考慮到狗兒自己的意思，通常沒有問題，不過最好的建議就是寧願謹慎也不要冒險，要是不確定狗的意願，就不要貿然湊上去。此外，也務必注意狗兒的個性，要瞭解他們的偏好及同意的訊號。

狗兒當然無法用同樣的方式擁抱我們，但他們會爬到我們大腿上、靠向我們，或是依偎在我們身旁。他們也可能用舔人來表達自己的情感，給深情的狗兒大舔特舔雖然會黏呼呼的，不過也讓人喜孜孜。話說回來，並不是所有人都喜歡被舔，且狗兒舔人不一定都是情感的表達，也有可能是為了透過味覺取得資訊，想要知道我們最近吃了什麼或親過誰。

絕妙好鬚

沒人能否認狗兒鬍鬚 (whiskers) 很可愛，不過鬍鬚可不僅是美觀而已。鬍鬚在專業術語上又稱鬚毛 (vibrissae)，源自拉丁文 vibrare，即振動的意思。這是一種特殊的毛髮，有助哺乳類與其他生物或環境互動。鬍鬚與一般體毛 (pelage hair) 不同，體毛是哺乳動物身上毛茸或柔軟的毛皮層，重要功能包括隔絕、隱蔽、保護以及傳出訊號等。鬍鬚較硬較密長，對於觸碰非常敏銳。每個鬚髯毛囊都明確對應於大腦感覺皮質，每個毛囊都有自己的血液與神經分布。狗兒與部分哺乳動物身上的鬍鬚分布在臉部，不過有些動物的鬍鬚位於像是前臂的其它身體部位。狗兒共有四組鬍鬚，分別在上唇、下唇與下巴、眼睛上方以及臉頰上。你可以現在仔細看看狗兒，找出這四組不同的鬍鬚。

鬍鬚幾乎對所有的哺乳動物來說都是重要的感覺器官，唯一顯著的例外就是無毛人猿（就是我們啦）。因為我們沒有鬍鬚，可能因此低估了鬍鬚對哺乳類有多重要。這些精緻的感官工具協助野生哺乳類察覺危險、尋找食物和探索環境，特別是在低光源的狀況。鬍鬚對於像大鼠等等的物種也在社交行為上扮演一定角色，我們不知道鬍鬚在狗兒社交生活中的功能，但很可能也扮演某種角色。

1970 年代科學家研究了大鼠、小鼠、貓的觸覺，證實了鬍鬚扮演著至關重要的角色。舉例來說，有份很經典的研究將大鼠的鬍鬚移除，然後量測他們在迷宮測驗的表現。一如預期，去除鬍鬚的大鼠比鬍鬚完好的大鼠更難走完迷宮。事實上，去除鬍鬚的影響比剝奪味覺、聽覺或視覺都來得更為重大，這也告訴我們去除鬍鬚的實驗有多麼殘忍。雖然鬍鬚對於狗兒的重要性似乎不如對大鼠那般重要，但依然是狗兒用感官與世界互動時很重要的一部分。

狗兒美容師若沒有特別收到讓鬍鬚保持原貌的指示，通常會加以修剪。參加狗展的狗兒鬍鬚常會修剪到呈現出臉部「乾淨的線條」，但是美國犬種協會 (American Kennel Club) 並不鼓勵多數犬種修剪鬍鬚。他們認為鬍鬚有著重要功能，以北京犬的例子來說還「增添了理想的臉部表情[14]」。因為鬍鬚像繁密的體毛一樣是由角蛋白組成，所以剪掉鬍鬚並不會造成狗兒身體上的疼痛，但是用拔的就會痛。然而，修剪鬍鬚等同移除了狗兒一項重要的感官種類，或是使其鈍化。希望犬種與美容標準會繼續演變，有朝一日能接受狗兒鬍鬚本身的美與功能。

狗兒喜歡眾樂樂

我們說「眾樂樂」的意思是你和狗兒每天共度的優質時光，共度時光並不僅是摸摸狗兒，指的是更為廣泛的親密感，包括社交、情緒與身體層面各種形式的親密。「共度時光」是本書中很重要的增強方式，因為狗兒從我們身上最需要獲得的就是**我們本身**，這也常是許多狗兒缺乏的。就和小孩一樣，狗兒很愛新玩具、特別的零食和豪華的新床，但他們真正在乎的可不是這些，他們真正渴求的是人類同伴的陪伴。

狗兒是社交動物，對人類會形成很強烈的依附。確實，家犬面臨擇汰壓力下 (selection pressure)，具備高度社交型 (hypersociability) 的基因對他們較為有利。狗兒不只忍受人類的出現，他們還會主動尋求人類的出現。可以說狗兒同伴**需要**與人類社交的親密感，剝奪社交接觸可能會影響狗兒的福祉。

英國政府近來任命「寂寞事務部長」(Minister of Loneliness) 一職，以處理這個島國與日俱增的寂寞危機[15]，而世界上的寵物狗也很需要一位寂寞事務部長。英國的資料顯示人民寂寞這個問題的規模到底有多大，根據衛生部的研究，英國超過 9 百萬人時常或總是感到寂寞。我們對於狗兒同伴的寂寞問題還沒有很好的研究，但越來越多的獸醫師和訓練師開始談及與社交孤立相關的犬類福利問題，找到寂寞與寵物狗日漸增長的行為與心理疾患數量間的關係。

數以百萬計的狗兒長時間獨留家中，有些狗兒比較幸運，可以在整個家裡趴趴走，透過活動狗門還可進入有圍籬的院子。但許多狗兒在飼主離家時則被鎖在狗屋、地下室或浴室裡，推測是為了防止他們大搞破壞。有項針對英國狗飼主的調查顯示，超過四分之一的飼主認為把狗兒留在家中一天超過 5 小時也沒關係[16]。很多狗兒獨留家中的時候會感到壓力，血液中皮質醇上升，有時甚至在整段獨處的期間皮質醇都處於高峰。狗兒可能會訴諸強迫性吠叫或是破壞行為，比如抓地毯、啃沙發，或是把床上枕頭的填充物都挖出來。正是這些行為可能使飼主想把狗兒鎖在狗屋或車庫裡，只是這麼一來又使得狗兒的焦慮加劇。

狗兒可以獨處多長時間？沒人知道正確答案，而且也要看個別狗兒的狀況。雖然行為學家與獸醫師尚未有一致定論，但大致的共識是獨處 4 小時對成犬來說算是自在的區間。幼犬獨處的時間應更短，且不可超過膀胱能憋尿的限度。很多人在想狗兒到底能否分辨獨留 10 分鐘或 1 小時的差異，畢竟狗不會看時鐘。

有些人會分享小故事，說狗兒和他們分隔較長一段時間後，會更為興奮和熱情地迎接他們。特蕾絲 · 雷恩 (Therese Rehn) 與琳達 · 奇林 (Linda Keeling) 的研究也佐證這點，他們觀察了一小群有家的狗兒，把他們與飼主分隔 30 分鐘、2 小時、4 小時期間的前中後錄影起來，看看狗兒做了什麼。研究發現若分隔時間較長，狗兒通常會展現更加熱烈的歡迎行為，身體動作與尋求關注的行為出現頻率都會較高。不過研究者也提出他們的研究並不能確認狗兒是否可以分辨 30 分鐘與 4 小時之間的差異，只能確認狗兒會受到分隔時間長短的影響[17]。

治療寂寞與社交隔離的最佳良藥不做他想，當然就是共處的時光。為了有更多相處，可以想方設法讓狗兒參與你的日常，比如外出辦事或是看孩子足球賽時帶著狗兒；打造每日生活架構，狗兒獨處的時間穿插於你們相處的時光。有時大家會抱怨自己的生活要隨著狗而定，要安排旅行、社交聚會或是完成必要工作都變得比較難，因為必須回家「讓狗兒出來透透氣」。確實如此，這就是與狗兒生活的現實面，也因此並不是每個人都適合養狗。

我們也必須思考自己傳達給狗兒的訊息，潔西卡有位朋友是訓練師，他提到曾有家庭雇用他協助一隻行為有狀況的狗兒。這隻狗兒會整晚在樓下的狗屋又哭又抓，樓上的家人只能努力在干擾之下入睡。訓練師觀察到這家人與狗兒在晚上睡前會一起待在客廳和廚房，玩玩遊戲、看看電視。狗兒是這些活動的一份子，家人也給他很多關注。家人準備上床睡覺前會對狗兒表達更多的愛，也會摸摸他，然後護送狗兒進狗屋自己睡。此狀況下，狗兒接收到很混雜的訊號，他原本是家裡一份子，但突然之間又遭排除，所以訓練師建議讓狗兒和家人一起睡樓上。他們照做以後，狗兒開心許多，大家也終於都能一夜好眠。

有時候人類為了處理狗兒寂寞的問題會再帶第二隻狗兒回家，如此一來人不在家時狗兒仍有伴。對許多狗兒來說這個方法的確有幫助，最佳狀況是同住一個屋簷下的兩隻或多隻狗兒變成超級好朋友，多了樂趣也豐富了生活。但帶第二隻狗兒回家可不是解決寂寞的萬靈丹，因為人狗之間的社交連結獨一無二，人類的角色無法由另一隻狗來替補。研究指出，狗兒與另隻狗單獨在家時的分離焦慮程度，並不亞於只有自己在家時的狀態。其它研究顯示，來自人類的接觸與互動可為社交孤立的狗兒帶來更多寬慰，效果優於狗兒親兄弟姐妹的陪伴[18]。所以呢，如果你每天離家的時間很長，再養第二隻狗可能只會導致兩隻狗兒都很寂寞。此外，有多隻狗的家庭還有其它挑戰，新來的狗兒會改變家中的社交動態，常使現況不但沒改善反倒還惡化。狗與狗之間的攻擊性可能會成為嚴重的問題，有時甚至一發不可收拾，最終需要幫其中一隻狗兒另覓家園。

狗兒也需要獨樂樂

如果你的狗兒有分離焦慮，這個增強方式可能會讓你哭笑不得，但是狗兒就和人類一樣有時希望能獨處，特別是在有小孩或是充滿活動與刺激的家庭更是如此。每隻狗兒都應該要有個「安全區域」(safe zone) 可供撤退，一個不會受碰觸或需要與其他人狗互動的地方。和馬克同住的米希卡是一隻身材豐腴的哈士奇，每當受夠了人類，她就很愛窩進床後面的角落，米希卡會清楚表達她的不耐，走到剛好只能容下她體型的空間休息。一旦她願意開啟互動，就會用令人讚嘆的靈巧身段從哈士奇專用洞窟鑽出來。有些人會提供永遠敞開門的籠子或狗屋作為指定的「狗狗地盤」，不論是孩子或家裡其他人都不可以去擾狗清淨。

本章注釋及參考資料

1. San Francisco SPCA, “Prong Collar Myths and Facts,” accessed September 7, 2018, https://www.sfspca.org/prong/myths.
2. Zazie Todd, “What Is Positive Punishment in Dog Training?” *Companion Animal Psychology* (blog), October 25, 2017, https://www.companionanimalpsychology.com/2017/10/what-is-positive-punishment-in-dog.html.
3. Laura Goldman, “Cruel Shock Collars Are Now Banned in Scotland, But Still Not in the US,” Care2.com, February 27, 2018, https://www.care2.com/causes/cruel-shock-collars-now-banned-in-scotland-but-still-not-in-the-us.html.
4. David Grimm, “These May Be the World’s First Images of Dogs and They’re Wearing Leashes,” *Science*, November 16, 2017, http://www.sciencemag.org/news/2017/11/these-may-be-world-s-first-images-dogs-and-they-re-wearing-leashes.
5. Jessica Pierce, “Not Just Walking the Dog,” *All Dogs Go to Heaven* (blog), *Psychology Today*, March 16, 2017, https://www.psychology today.com/blog/all-dogs-go-heaven/201703/not-just-walking-the-dog.
6. *PDSA Animal Wellbeing PAWS Report 2017*, page 11, https://www.pdsa.org.uk/media/3290/pdsa-paw-report-2017_online-3.pdf.
7. Thomas Fletcher and Louise Platt, “(Just) a Walk with the Dog? Animal Geographies and Negotiating Walking Spaces,” *Social and Cultural Geography* (2018), https://www.tandfonline.com/doi/full/10.1080/14649365.2016.1274047.
8. See “Dog Parks Lead Growth in U.S. City Parks,” Trust for Public Land, April 15, 2015, https://www.tpl.org/media-room/dog-parks-lead-growth-us-city-parks; and “2014 City Park Facts,” 2014, Trust for Public Land, https://www.tpl.org/2014-city-park-facts. This website contains numerous details about many different aspects of urban parks.
9. Information on the history of dog parks can be found in Laurel Allen, “Dog Parks: Benefits and Liabilities,” Master’s capstone project, University of Pennsylvania, May 29, 2007, http://repository.upenn.edu/cgi/viewcontent.cgi?article=1017&context=mes_capstones; and Haya El Nasser, “Fastest-Growing Urban Parks Are for the Dogs,” *USA Today*, December 8, 2011, http://usatoday30.usatoday.com/news/nation/story/2011-12-07/dog-parks/51715340/1.

10. See Samantha Bartram, "All Dogs Allowed," *Parks and Recreation*, National Recreation and Park Association, January 1, 2014, https://www.nrpa.org/parks-recreation-magazine/2014/january/all-dogs-allowed; and F. Gaunet, E. Pari-Perrin, and G. Bernardin, "Description of Dogs and Owners in Outdoor Built-Up Areas and Their More-Than-Human Issues," *Environmental Management* 54, no. 3 (2014): 383–401, doi: 10.1007/s00267-014-0297-8.
11. Zsuzsa Ákos et al., "Leadership and Path Characteristics during Walks Are Linked to Dominance Order and Individual Traits in Dogs," *PLOS Computational Biology* 10, no. 1 (2014): e1003446, https://doi.org/10.1371/journal.pcbi.1003446.
12. Patricia McConnell, "A New Look at Play Bows," *The Other End of the Leash* (blog), March 28, 2016, http://www.patriciamcconnell.com/theotherendoftheleash/a-new-look-at-play-bows.
13. See Edward T. Hall, *The Hidden Dimension* (New York: Anchor Books, 1986), which is a classic work on personal space and proxemics.
14. See "Pekingese," CyberPet, accessed September 8, 2018, http://www.cyberpet.com/dogs/pekingese.htm.
15. Ceylan Yeginsu, "U.K. Appoints a Minister for Loneliness" *New York Times*, January 17, 2018, https://www.nytimes.com/2018/01/17/world/europe/uk-britain-loneliness.html.
16. "Number of Hours Pet Dogs Left Alone in the House in the United Kingdom (UK) in 2013," Statista, https://www.statista.com/statistics/299859/dogs-hours-left-alone-in-the-united-kingdom-uk.
17. Therese Rehn and Linda J. Keeling, "The Effect of Time Left Alone at Home on Dog Welfare," *Applied Animal Behaviour Science* 129 (2011): 129–35.
18. David S. Tuber et al., "Behavioral and Glucocorticoid Responses of Adult Domestic Dogs (*Canis familiaris*) to Companionship and Social Separation," *Journal of Comparative Psychology* 110 (1996): 103–8, https://www.researchgate.net/profile/michael_hennessy5/publication/14352984_behavioral_and_glucocorticoid_responses_of_adult_domestic_dogs_canis_familiaris_to_companionship_and_social_separation.

視覺

我們通常認為人類是視覺型哺乳動物，而狗是嗅覺型與聽覺型，但科學目前正在挑戰這種刻板印象。我們為狗兒提供什麼樣的視覺世界會影響他們的福祉，所以值得好好思量，接著我們就來看看狗狗的視覺世界吧。

人類的視力敏度 (visual acuity) 常使用史奈倫分數 (Snellen fraction) 來描述，也就是大家熟知的「20/20」或「20/40」，這個比率代表一個人的視力如何。狗的史奈倫分數是 20/75，表示人類在 75 英呎 (23 公尺) 能看見的事物，狗兒要近到 20 英呎 (6 公尺) 才看得見。若使用這個方式衡量視力，那麼狗的視力不如人類，但不能因此說他們看得沒人類清楚，因為史奈倫分數只是瞭解整體視覺的一小扇窗，正確一點來說，狗與人類使用了不同方式觀看世界。狗兒的視力敏度已演變得符合他們獨特的需求，而與人不同並不意味著有好壞之分。狗兒屬於視覺通才 (visual generalist)，他們的眼睛在許多不同亮度的環境下皆可運作良好，在黃昏與黑暗中，他們可能看得比人類更清楚。相較於人類，狗兒可以在亮度昏暗五倍之處看清事物。另外，狗兒也更能以周邊視力

(peripheral vision) 辨別出移動的物體，但是沒辦法像人類一樣可看到事物的細節，原因之一可能是狗兒無法輕易分辨紅色與綠色[1]。若是一顆紅色的球扔到了綠色草皮上，就連拉不拉多也很難看清楚。視力的其它面向還包括距離感、視野和對動作的敏銳度，在各個面向上，狗的視力都與人類不同，視力是會根據各物種的需求有所調整。

本書再三出現的觀念就是狗兒並非放諸四海皆同，有各式各樣不同身形、體型的狗兒，他們的感官能力可能各有不同。以視覺為例，不同犬種的狗兒具備不一樣的視覺優勢。亞歷姍卓．霍洛維茲認為狗兒在視力敏度上的差異可能與鼻子的形狀和大小有關，如巴哥等的短吻犬具備較佳的近端視力，而長吻犬則有更好的全景視力和周邊視力[2]。這可能也解釋了為何短吻犬對追球或是追飛盤總是興致缺缺，因為他們較難看到球本身或是追蹤球的移動，自然也就沒什麼興致追著球跑。

許多人類說他們的狗會朝著戴帽子、戴太陽眼鏡或是柱拐杖的人吠叫，狗兒常因為看到視覺上無法辨識之物而驚慌。就和人類一樣，狗兒的視力敏度會隨著年紀增長而下降，視力不佳的狗兒需要額外的協助來與世界互動，他們的行為也可能有所改變。潔西卡的狗兒瑪雅到了 15 歲時，一眼看不見，另一眼視力也不好，開始會在散步時對他人吠叫，特別是站在大約 90 公分遠的人，這看來剛好是個視覺上的盲點。如果我們沒能用心協助犬類同伴加以調適，視力變差可能會引起他們的焦慮感與對社會的退縮。話雖如此，視力變差或甚至全盲並不代表狗兒的生活品質一定會打折。縱使全盲和視力差的狗兒會需要特別照護與關心，但面對失能，他們依舊可以調適得很好。調適的方法通常是提高對其他感官的依賴程度，例如聲音與氣味，也可訓練他們追隨嗅覺提示（氣味暗示），像是噴一下柑橘類精油的氣味。

未來對於狗的研究挑戰在於不僅要瞭解各種感官如何各自運作，亦需發掘狗如何合併使用來自多重感官的感知，即如何運用複合訊號去理解世界並做出決定。比如說，犬類研究學者路德維格．胡伯 (Ludwig Huber) 的研究指出，受到圈養的狗可整合視覺與聽覺資訊，正確辨識出其它犬種的狗。在該研究中，狗兒能把體型大小不同的狗兒影像，與它們各自發出的聲音正確配對[3]。這類複合訊號讓瑪雅從遠處就能判斷出對方是隻貴賓犬，預期心理下就豎起了背毛。雖無不敬之意，但不知道為什麼瑪雅就是不太喜歡貴賓。

讓狗與狗的互動自然流暢

如果你看到一群狗兒在狗公園玩耍，很快會發現他們小心翼翼觀察彼此，奔跑時會轉頭觀望，或是停下腳步轉過身來，看看其他狗在做什麼。這樣的動作表示他們正在解讀其他狗的身體姿勢、步態、尾巴和耳朵的位置、臉部表情，甚至觀察其他狗的毛髮是否有細微的變化，比如說是否豎起了背毛。「背毛」(hackles) 指的是沿狗兒頸部和脊椎而下的毛髮，「直豎的背毛」(raised hackles) 稱為豎毛 (piloerection)，是一種由交感神經系統中介的非自主神經反應。狗兒可以藉由看其他狗的眼睛來收集資訊，不過這方面的研究仍有限。眼睛瞳孔放大或縮小傳達出了狗的情緒狀態，其他狗可藉此做出解讀。除了以上各種視覺訊號外，狗兒也可一邊奔跑一邊吸收嗅覺與聽覺資訊，是項了不起的功夫。

為了促進順暢的社交互動，狗兒需要能夠正確解讀彼此，在人類的世界亦是如此，這也是為什麼通常成功人士都具備高度情商與良好的社交技巧。狗與狗陷入不愉快的原因之一，源自視覺訊號與其它訊號的誤判，而有的狗兒解讀其他狗的功力比較高強。你可以去狗公園待上一會兒，一定會發現總有幾隻狗不善交際，和其他狗互動不佳，這些狗兒通常難以找到玩伴。馬克指出狗兒的社交能力強弱，看似與主人的社交能力有關，不過這又是另外一檔事了[4]。

狗世界中的謎團之一是他們如何辨識其他狗是「狗」。當然，狗可以透過氣味辨識出其他狗，但是似乎也能單憑視覺來辨識。多明妮克 · 奧提爾 - 德利安 (Dominique Autier-Dérian) 和她同事做了一項很有意思的研究，發現狗可以僅靠面部特徵就辨識出其他狗，不需其它如動作、氣味、聲音等線索。通常狗兒可以輕易在人類或其他家養動物和野生動物間辨識出其他狗的臉。西 · 克里波恩 · 雷 (C. Claiborne Ray) 在討論這篇研究的時候說：「狗的體型小至瑪爾濟斯、大至聖伯納，他們的毛髮、口鼻、耳朵、尾巴、骨頭結構上的差異族繁不及備載，所有的狗看起來不見得是同一物種，但是狗卻能輕易辨識出誰是狗[5]。」

我們常聽到飼主說類似這樣的話：「我家的維茲拉犬 (vizsla) 在所有犬種當中還是最愛其他維茲拉，而且她知道哪些狗是維茲拉犬。」狗兒真的能辨識出哪些狗是相同犬種嗎？沒人知道答案，但許多軼事類型的證據指出狗兒還真可能做得到這點。如果確是如此，線索可能來自狗的嗅覺，也可能是靠著主要組織相容性複合體 (major histocompatibility complex, MHC) 來辨別。MHC 是所有哺乳動物細胞中都可找到的一群表面蛋白質，與免疫功能有關，目前普遍認為 MHC 有助動物交配時選擇基因不會太相近的對象。MHC 可能代表某種嗅覺上的「簽名」，讓狗兒可以判斷其他動物是否具備基因上的相似性，但至今這個領域尚未有任何研究，然而很多人相信他們的狗兒比較偏好同犬種的狗。

狗兒需要與其他狗互動，可以說天性就是如此，狗的許多認知技巧和行為特性都經過演化，幫助他們與同類進行更有效的溝通。這些超凡能力要是無用武之地就太讓人遺憾了，所以我們該讓狗兒有充分機會與其他狗互動及練習溝通技巧，這是我們可以提供，也必須提供給狗的社會與認知豐富化當中極重要的一環。

尾巴告訴我們的事

你可能正疑惑為何尾巴放到了視覺這一章，這是因為狗尾巴也是用以溝通的重要視覺工具之一。我們可以透過觀察狗尾巴收集很多資訊，瞭解狗兒的感受。當然，尾巴對於狗和狗之間的互動也至為關鍵，不過若是將尾巴獨立出來看，會看不出全貌，就像是讀句子只讀一半一樣。要全面瞭解尾巴在表達什麼，就要連同其它複合訊號一同觀之，包括耳朵的位置、面部表情、身體姿勢、聲音、氣味和步態。尾巴也可用來散播氣味，比如將充滿訊息的肛門腺所發出的氣味向外傳送。

一些有趣的研究曾探討不同的尾巴動作表達了什麼意思，你可能也知道搖尾巴代表的意思不單只有一種，要看怎麼搖，以及當下的情境。鬆鬆地搖尾巴可能釋放的是善意，僵直地搖尾巴可能傳達了堅定或敵對的態度，不過也沒有非此不可的規定就是了。

研究也顯示搖尾巴往右偏代表狗很開心和放鬆，往左偏可能是感到焦慮。另一份研究指出，見到飼主的狗兒比較容易大幅度地尾巴向右搖（表示左腦活化），反之，看見陌生又強勢的狗兒的時候尾巴通常會向左搖（表示右腦活化）[6]。有個假設是狗兒的左腦掌管趨向行為，右腦掌管退縮行為，上述的研究發現與此假設一致。

同一群科學家近期也做了更多研究，發現狗兒對於其他狗搖尾巴的方向會產生情緒反應。這些科學家讓一群狗兒去看其他狗搖尾巴的影像，然後分析狗的行為與心跳 ，用以大略衡量情緒上鎮定或焦慮程度。狗兒看到往左搖的尾巴時，往往有更強烈的情緒反應，也會感到壓力[7]。

若狗狗失去了尾巴會如何？史丹利 ‧ 柯倫 (Stanley Coren) 提到有隻狗兒因為被摩托車撞而不幸必須截尾，後來其他狗兒似乎也看不懂這隻狗狗想要表達什麼了[8]。馬克的朋友瑪麗莎 ‧ 華爾 (Marisa Ware) 也說了家裡的狗兒艾珂的故事，艾珂在一場車禍中失去了尾巴，在那之後她改變了自己和其他人狗溝通的方式，會用身體與耳朵來代償已不復在的尾巴。無尾的艾珂現在較倚賴耳朵來表達感受，很興奮看到某人時，她會把耳朵盡量往後方移，甚至有點擺動耳朵。她也發展出一種「跳帶搖」(hop-wiggle) 的動作，因為看到某個人而興奮時，她會一個小跳步再加上快速搖動屁股。艾珂在失去尾巴之前，從未出現過「跳帶搖」的動作。

就算只是縮短尾巴的長度，比如對狗施以剪尾 (docking)，看來也會降低和其他狗溝通的能力。為了調查尾巴長度在狗與狗會面時扮演何種角色，有研究團隊打造了具有不同尾巴長度的遙控假狗，並發現狗狗在面對長尾和短尾的假狗時出現細微的行為差異。這表示從長尾可以獲得更多的溝通資訊，進而意味著較長的尾巴比較短的尾巴更能有效傳送訊息[9]。

總而言之，尾巴對狗兒來說很重要，所以剪尾會壓縮狗兒的自由，同時對身體造成傷害，使得狗的溝通能力受限。我們支持開明的犬種標準，讓幼犬無需面臨剪尾的命運。

狗耳會「說話」

狗耳朵與尾巴一樣，在狗與狗以及狗和人的互動中是重要的視覺訊號。下一章將討論聽覺，而本章討論的是耳朵的動作和位置能告訴我們什麼。耳朵可以傳達狗兒的感受，所以建議大家花點時間仔細觀察家中狗兒的耳朵。耳朵是複合訊號的一部分，複合訊號包含狗的臉部、身體、尾巴、聲音、步態與氣味 (有些氣味我們只能一知半聞)，他們就像一個完整的句子，全面呈現狗的感受。

舉例來說，若狗的耳朵抽動，往後移然後又向前動一點，可能表示他猶豫不決或心裡矛盾；耳朵豎起傳達的訊號是狗兒正在注意某事物。如果瑪雅豎起耳朵，貝拉的反應就是立即吠叫，因為她的座右銘就是「先叫先贏，原因再說」。狗兒透過觀察其他狗的耳朵轉往哪個方向，可以知道該往哪邊看。耳朵的位置在狗的社交場合也很重要，包括玩耍的時候。比如說，耳朵扁平再加上順從的身體姿勢，可能表達的是順從；耳朵直立可能表示狗感到興奮，希望繼續玩下去，而耳朵扁平也可能是因為想避免耳朵被咬住。

有人問我們，像巴吉度這樣耳朵長又下垂的狗兒，是否較難透過耳朵的位置來溝通。也許下垂的耳朵比較無法傳達訊息，但我們真的也無法確定是否如此[10]。就跟尾巴的狀況一樣，我們支持不涉及剪除或以其它方式改變狗耳自然形狀的犬種標準。杜賓犬、波士頓梗犬、大丹犬等，是幾種仍常被剪耳 (ear cropping) 的犬種。在剪耳手術中，外耳殼 (耳翼) 會受到剪裁，外耳殼的功能是將聲音傳導至耳道，所以剪耳後狗兒會喪失部分聽力敏銳度，也失去完整轉動耳朵的能力，這會使得他們較難用耳朵和外界溝通。

面對事實：表情很重要

狗兒用來溝通的複合訊號中也包含面部表情，研究顯示狗會特別注意人類的面部表情，可能是因為身為人類的我們既沒尾巴，耳朵也不會動。在一份針對狗與人類面部表情的研究中，由柯爾森．穆勒 (Corsin Müller) 率領的科學家團隊證明狗能區別人類開心與生氣的表情，狗也覺得生氣的表情令其反感[11]。另一份相關研究中，娜塔莉亞 · 阿爾伯克基 (Natalia Albuquerque) 與同事則檢驗了狗在面對人類釋出的情緒性視覺提示時有何反應。這個團隊把狗面對開心表情與生氣表情時的反應做了比較，發現他們在面對生氣表情時會舔嘴，不過若只是聽到生氣的聲音時就不會，這也點出了視覺提示的重要性。在狗與狗的溝通過程中，舔嘴可能是一種妥協的訊號 (appeasement signal)；當狗兒認為人類同伴發出負面情緒，他們可能也會採取類似的回應方式，因為「妥協行為」能遏止或降低對方的攻擊行為。該研究當中的狗兒，在看到人類影像時舔嘴的次數高於看狗影像的時候，意味著狗可能發展出了對於人類面部表情的敏銳度，以便和我們有更好的互動[12]。

另份研究中，研究人員發現催產素這個與信任和情感相關的賀爾蒙，讓狗對於微笑的人臉產生興趣，對生氣的臉也不會那麼容易覺得受威脅。研究人員對一半的狗噴灑催產素鼻腔噴霧，另一半的狗則噴灑安慰劑。與安慰劑組相比，催產素組的狗兒會花較長時間注視人類開心的臉部影像。安慰劑組的狗兒注視生氣臉部影像時，瞳孔更為放大，表示他們感到反感；催產素組對於負面情緒的反應比較沒那麼明顯。研究團隊下了結論：「催產素可能會減少動物對於威脅性社會刺激的警覺反應，反之使得正向的社會刺激更為突出，因而會更容易地看到狗注視友善的人類臉孔[13]。」換言之，在培養人犬關係的過程中，催產素很可能扮演了關鍵的角色。

犬類認知相關研究中有些很令人振奮的發現，這些研究採用了功能性磁振造影 (functional Magnetic Resonance Imaging, fMRI) 觀察狗的大腦如何處理社交資訊。這是非侵入式研究，狗兒也是自願參與。埃默里大學 (Emory University) 的神經生物學家格雷戈里 · 柏恩斯 (Gregory Berns) 一直對於臉部辨識有濃厚興趣，他想知道狗是否像人類以及其他靈長類動物一樣，大腦中有特殊區塊專門處理臉部資訊。狗兒發展出得以處理其他狗臉資訊的神經結構其來有自，因為狗與狼都是高度社會化的哺乳動物。但有鑑於狗的馴化以及與人類的共同演化歷史，他們是否也發展出了處理人臉的神經結構呢？柏恩斯和同事發現狗的大腦確實有專門處理人臉資訊的區域，這有助說明為何狗對於人類發出的社交線索 (social cue) 有相當細膩的敏銳度[14]。

狗兒不僅會解讀我們的面部表情，他們亦會反過來運用自己的表情與我們溝通。英國樸茨茅斯大學 (Portsmouth University) 犬認知中心的科學家發現，比起沒人在看的時候，狗兒在有人看著的時候表情多更多。狗兒最常使用的表情之一就是挑起八字眉，讓眼睛看起來又大又楚楚可憐，也就是飼主一看就知的「小狗眼神」(puppy dog eyes)[15]。狗兒知道我們何時在看他們、何時沒在看，他們比較會在人閉上眼或轉過身時偷走食物[16]。

狗狗在看你：非語言溝通與情緒商數

和狗兒做訓練或敏捷運動時，狗會密切注視我們，想知道我們希望他們做什麼。但就算不是在訓練或上課，狗兒也會仔細觀察我們，他們可能透過掃視尋找線索來判斷我們接下來要做什麼。研究也顯示狗會密切注意人的情緒狀態，有時候會根據我們的感受來調整他們自己的行為。

講到訓練或是教導狗兒如何適應人類環境時，我們可能覺得大多時候給狗的提示都是口頭訊號，像是「來」、「坐下」、「等」，但語言訊號只是人狗之間互相溝通與理解的重要方式之一。大家常說人與人的對話中視各別狀況以及不同情境，非語言溝通在互動裡可能佔了高達 60-90% 或是更高比例[17]。我們會透過面部表情、肢體語言、手勢或可能也用氣味來交換訊息，在人與狗的溝通上也是如此。我們不見得會發覺自己正在給出哪些非語言訊號，但狗兒或許能在連我們都沒發現的情況下讓我們知道自己在表達什麼，比如原來我們正在生氣[18]。

關於狗兒如何解讀人類非語言訊號我們仍一知半解，相關研究正如火如荼地進行中。研究主題包括狗兒如何對人類手勢做出反應，比如指向某處的手勢；以及狗是否會看往我們注視的方向，如果會的話又是為什麼。

有些狗兒的目光很擅長跟隨另一隻狗注視的方向，可藉此瞭解另一隻狗在想什麼，這個簡單的動作可能也顯示了狗有一套心智理論 (theory of mind)，即他們懂得另隻狗的想法與感受。研究已發現狗兒也可以跟著人類注視的方向，不過還不確定是否每次都能做到，目前為止，我們可以說有些狗有時會跟著人類注視的方向。有的狗看似比較擅長這點，或者說並不是更「擅長」，而是基於某種原因更有「動機」這麼做，但我們不知道原因為何，也不清楚其它影響因素是什麼，或是該如何解釋不同的實驗結果。當然，研究是由不同研究人員、在不同的研究案中、針對不同的狗兒操作，這些變因都可能使得研究結果有所差異，預期所有狗兒在同樣或類似情況下都有相同舉動是不切實際的期待。

同樣，狗兒看向人類指向手勢的能力有所不同，很明顯狗可以做得到這點，但並非所有的狗都會這麼做，或不一定每次都這麼做，且研究結果也並不明確，需要更多研究才能真正刻畫出犬類溝通技巧的細節。

現在可以確定的是狗兒具備某種程度的情緒商數，狗兒會從我們身上尋找非語言線索，注意我們的眼睛和雙手，聆聽我們的聲音，這些訊號讓狗兒有時可以清楚地瞭解我們。情商是一種可以有效辨識與瞭解自我情緒和他人情緒的能力，並運用這樣的資訊引導自我行為。當我們思量該如何與狗兒同伴互動以減少雙方挫折感的時候，情商很重要。有時我們因為狗兒「不聽」我們在說什麼而感到挫折，狗兒則可能因為我們「不說」清楚或不聽他們在表達什麼而感到沮喪。

提到狗兒跟隨人類注視方向這件事時，我們需仔細注意人狗之間的關係。有篇論文《狗狗通：線上檢驗人與狗共處的能力》(DogTube: An examination of Dogmanship Online，暫譯) 很有趣，研究者認為「人狗雙方關係裡的相互關注」在獲得狗兒注意力和帶狗、訓練狗時，是重要的因子[19]。論文也寫道：「狗兒被視為難以訓練可能是因為遇上掌握不了時機及缺乏覺察的人，而時機與覺察正是與狗共處能力 (dogmanship) 的特色。」研究人員表示 「與狗共處的能力會反映在帶狗或訓練中及時給予獎勵與吸引狗兒注意的能力」。

具備破解人類複雜訊號能力的狗兒真的很驚人，雖然我們期待狗兒可以瞭解人類，但我們的溝通內容常含混不清。大多飼主給的訊號「語焉不詳」，下口頭指令時並未瞭解自己同時也給出了視覺訊號。如果狗沒按照我們期待的方式回應，我們通常會加以責怪，認為狗兒太笨或太固執，但其實更有可能的是我們沒有發出清楚的訊號。有個方式可以幫助狗兒，就是在訓練或教他們的時候，謹記狗兒會仔細注意我們送出的所有訊號，我們可以試著送出一致的語言提示和非語言提示，讓訊息清楚明白。

在訓練中多注意非語言的層面有助人狗默契加倍，安娜 · 史坎度拉 (Anna Scandurra) 與同事做的研究指出，對狗來說，手勢提示比語言提示更加突出。他們的團隊訓練狗兒辨識三種物品的名稱，且會在飼主要求的時候將該物品拾回。狗兒可以在聽到像「球」這個語言指令後，或是在看到「飼主清楚指向球」的手勢後，將該物品拾回。語言與手勢指令一致時，狗兒執行任務的速度會更快。隨後研究人員請飼主故意給出矛盾的提示，即口頭要求 A 物品，但手卻指向 B 物品。語言提示和手勢提示相左時，多數狗兒會追隨手勢[20]。

因此與狗溝通時，視覺訊號、面部表情、非語言提示可能都和語言訊號同等重要，甚至更為重要。

本章注釋及參考資料

1. Marcello Siniscalchi et al., "Are Dogs Red–Green Colour Blind?" *Royal Society Open Science* 4 (November 2017), doi: 10.1098/rsos.170869.
2. Horowitz, *Being a Dog*, 204–5.
3. Ludwig Huber, "How Dogs Perceive and Understand Us," *Current Directions in Psychological Science* 25, no. 5 (2016), http://journals.sagepub.com/doi/abs/10.1177/0963721416656329.
4. Bekoff, *Canine Confidential*. Marc has also noted a relationship between the personality of humans and how permissive they are in allowing their dog to interact with unfamiliar dogs. Namely, outgoing people seem more permissive than introverted people. Of course, these are only informal observations that require more formal study. However, when he has talked with other people at dog parks, they have agreed with this trend.
5. Dominique Autier-Dérian et al., "Visual Discrimination of Species in Dogs (*Canis familiaris*)" *Animal Cognition* 16, no. 4 (July 2013), https://www.ncbi.nlm.nih.gov/pubmed/23404258.
6. A. Quaranta, M. Siniscalchi, and G. Vallortigara, "Asymmetric Tail-Wagging Responses by Dogs to Different Emotive Stimuli," *Current Biology* 17 (2007): R199–R201.
7. Marcello Siniscalchi, Rita Lusito, Giorgio Vallortigara, and Angelo Quaranta, "Seeing Left- or Right-Asymmetric Tail Wagging Produces Different Emotional Responses in Dogs," *Current Biology* 23 (2013): 2279–82.
8. Stanley Coren, "Long Tails Versus Short Tails and Canine Communication," *Canine Corner* (blog), *Psychology Today*, February 1, 2012, https://www.psychologytoday.com/blog/canine-corner/201202/long-tails-versus-short-tails-and-canine-communication.
9. See S. D. A. Leaver and T. E. Reimchen, "Behavioural Responses of *Canis familiaris* to Different Tail Lengths of a Remotely-Controlled Life-Size Dog Replica," *Behaviour* 145 (2007): 377–90, http://web.uvic.ca/~reimlab/robodog.pdf.
10. People often wonder why some dogs have floppy ears in the first place, since none of their wild canid relatives do. Here is one interest- ing hypothesis for why floppy ears may have developed in dogs and other domesticated animals: Adam Cole, "Why Dogs Have Floppy Ears: An Animated Tale," *NPR*, January 30, 2018, https://www.npr.org/2018/01/30/580806947/why-dogs-have-floppy-ears-an-animated-tale. The NPR story is based on this study: Adam S. Wilkins, RichardW. Wrangham, and W. Tecumseh Fitch, "The 'Domestication Syndrome' in Mammals: A Unified Explanation Based on Neural Crest Cell Behavior and Genetics," *Genetics* 197 (2014): 795–808, http://www.genetics.org/content/197/3/795.

11. Corsin A. Müller et al., "Dogs Can Discriminate Emotional Expres- sions of Human Faces," *Current Biology* 25, no. 5 (February 2015), http://www.cell.com/current-biology/abstract/s0960-9822(14)01693-5.
12. Natalia Albuquerque et al., "Mouth-Licking by Dogs as a Response to Emotional Stimuli," *Behavioural Processes* 146 (January 2018), https://www.ncbi.nlm.nih.gov/pubmed/29129727. See also Angelika Firnkes et al., "Appeasement Signals Used by Dogs During Dog- Human Communication," *Journal of Veterinary Behavior* 19 (2017): 35–44.
13. Sanni Somppi et al., "Nasal Oxytocin Treatment Biases Dogs' Visual Attention and Emotional Response toward Positive Human Facial Expressions," *Frontiers in Psychology* 8 (2017), https://www.ncbi.nlm.nih.gov/pubmed/29089919.
14. Daniel D. Dilks et al., "Awake fMRI Reveals a Specialized Region in Dog Temporal Cortex for Face Processing," *PeerJ* (August 4, 2015), https://peerj.com/articles/1115.
15. Juliane Kaminski et al., "Human Attention Affects Facial Expressions in Domestic Dogs," *Scientific Reports* 7 (October 2017): 12914, https://www.ncbi.nlm.nih.gov/pubmed/29051517.
16. J. Call et al., "Domestic Dogs (*Canis familiaris*) Are Sensitive to the Attentional State of Humans," *Journal of Comparative Psychology* 117 (2003): 257–63.
17. Blake Eastman, "How Much of Communication Is Really Nonverbal?" The Nonverbal Group, accessed September 8, 2018, http://www.nonverbalgroup.com/2011/08/how-much-of-communication-is-really-nonverbal. Our point here simply is to note that a good deal of information can be transmitted without words.
18. Marc Bekoff, "Can Dogs Tell Us We're Angry When We Don't Know We Are?" *Animal Emotions* (blog), *Psychology Today*, November 30, 2017, https://www.psychologytoday.com/blog/animal-emotions/201711/can-dogs-tell-us-were-angry-when-we-dont-know-we-are.
19. Elyssa Payne, Pauleen Bennett, and Paul McGreevy, "DogTube: An Examination of Dogmanship Online," *Journal of Veterinary Behavior* 17 (2017): 50–61, http://www.journalvetbehavior.com/article/s1558-7878(16)30167-8/abstract.
20. Anna Scandurra et al., "Should I Fetch One or the Other?: A Study on Dogs on the Object Choice in the Bimodal Contrasting Paradigm," *Animal Cognition* 21, no. 1 (November 2017), https://link.springer.com/article/10.1007%2fs10071-017-1145-z.

聽覺

狗兒的耳朵形狀、大小各有不同，有長有短、有垂有豎，還有各種介於其間的變化樣貌。狗耳的活動能力超乎我們想像，光外耳殼（耳翼）就由超過 18 條肌肉控制，讓狗耳做出各種細微的移動，也因此充滿表達能力，又可聽到各式聲音。狗兒會以耳朵的動作表達感受，也會移動耳朵加強聽覺。每位飼主一定都看得出狗兒突然專注起來的時候會「豎耳」，豎起耳朵又張開讓狗兒聽得更清晰，耳朵的肌肉也讓狗能將耳朵當成潛望鏡般跟著聲音的方向轉動。如果我們把狗耳當成線索，可能會發現環境中有些我們沒察覺到的事情。馬克過去與自家狗兒在山中的家附近健行時，他會觀察狗的耳朵。當然山中有各式各樣的野生動物，若是美洲獅、黑熊或其他潛在的掠食動物在附近，狗耳便會豎立，鼻子也會略微上揚。馬克看到這樣的反應，就知道該是大夥兒打道回府的時刻，以避免可能發生的衝突。

狗兒的聽覺遠比人類敏銳，可偵測到更微小的聲音。他們的聽力比我們敏銳四倍，所以我們在 6 公尺距離能聽到的聲音，狗兒遠在約 20 公尺外就能聽見[1]。他們也能聽到許多我們聽不到的聲音，因為狗兒可以聽到更高的頻率。從既有資料來看，科學家指出狗可以聽到每秒週期數高達 67,000(也就是赫茲) 的聲音 ，人耳最多只能聽到 64,000 赫茲 [2]。這表示有的聲音我們聽不見，但狗卻可以。舉例來說，狗兒可以聽到在牆壁內或木柴堆跑來跑去的老鼠吱吱叫。另外，有些家用電子產品會持續發出高頻音，我們雖不會注意到，但對狗而言可能卻很干擾。

關於狗兒與世界互動及與其他人狗相處時如何運用聲音與聽覺這點，目前系統性的研究相對很少。雖然知道狗會發出眾多不同聲音，包括低吼、吠叫、哀鳴、嗚咽、長嚎、喘息等等，但科學家還沒全面理解這些不同聲響在溝通中有何作用，也不清楚狗兒聲音溝通中，哪些部分是特別為了與人類社交互動演變而來的。比如說，狗兒是唯一會頻繁吠叫的犬科動物，但令人有點意外的是，我們對於狗兒吠叫時在表達什麼仍所知不多。初步資料也顯示狗兒看似會「笑出聲」，而玩耍時狗兒會用力吐氣，這稱為「遊戲喘息」(play pant)，看來用以開啟一段玩耍時光，或是在遊戲時傳達「我們還在玩喔，這不是打架」的意思 [3]。對於狗兒的聲音溝通研究，期待看見未來的發展。

很多人使用語言指令或聲音訊號與狗溝通，正如我們在視覺一章所提，狗兒可能更注意手勢勝過聲音指令，而且如果我們給予的視覺訊號和聲音訊號不一致，狗或許會因此困惑。研究人員也發現，狗兒不僅會聽某些字詞，也會聽其中的音調，在狗兒解讀訊號時，語調可能比實際說出來的字詞更為重要。匈牙利有一個犬認知實驗室，其研究團隊利用功能性磁振造影 (fMRI) 技術，在狗兒聆聽訓練師預錄的聲音時掃描他們的大腦。訓練師會說出讚美的字詞 (如：「很好」) 以及中性的字詞 (如：「然而」)，音調上也會分別採稱讚用的高頻語調以及中性語調。研究結果顯示，狗使用左腦處理字詞，右腦處理語調或字詞當中的情緒，而這也是人類大腦處理語音的方式。使用讚美語調說出讚美詞時，會活化大腦的獎勵中樞，但若用中性語調說出讚美詞時則不會。換言之，狗兒會聆聽話語中的用字與情緒，而情緒成分又更具影響力[4]。聽覺與其他感官不同，特別和嗅覺及味覺不一樣，因為寵物狗在聽覺之外的感受通常缺乏刺激，但聽覺正好面臨相反的問題，狗兒經常要忍受太多噪音，或他們覺得厭惡或恐怖的聲音，這會嚴重傷害自由。我們應該讓狗兒有聆聽和用聲音溝通的自由，但也需要思考整體的音景 (soundscape)，並保護他們不受討厭的噪音折磨。

吠叫與低吼：狗的語言

吠叫與低吼是狗兒最常發出的兩種聲音，用來與其他人狗溝通。狗的聲音溝通極度複雜，我們對其也一知半解。德國動物行為學家杜莉特 · 費德森 - 彼得森 (Dorit Feddersen-Petersen) 分析狗兒發出的聲音時，提到就連吠叫的意義與功能也具爭議。有些科學家認為吠叫是一種極度精細的聲學表達形式，也有科學家覺得吠叫「不具溝通意義[5]」。基於各種原因很難研究狗的吠叫，因素之一是狗兒有各式身形與體型，聲道的長度相差甚大，因此狗兒聲音的音質也大不同。大家可以想想大丹狗和約克夏的吠叫有什麼差異，他們真的在說同一種語言嗎？

費德森 - 彼得森相信吠叫確實有溝通意義，狗兒使用吠叫來傳達關於動機與意向的資訊。吠叫混合了科學家稱之為「規律」與「不規律」，「和諧」與「嘈雜」的聲音成分，狼發聲時只使用嘈雜聲，但狗會使用各種和諧聲與嘈雜聲的組合。不同犬種的狗兒受到過去生活的人類環境影響，各自演化出獨特的聲音特徵 (vocal repertoire)。要評估一聲吠叫的意義有其挑戰性 (更準確來說應是一連串的吠叫，因為吠叫極少只有一聲)，需要進一步探究脈絡，以及瞭解吠叫是否會引發其他人狗社交夥伴的反應，有可能吠叫與其它發聲已特別演化來促進人狗間的社交互動。

可以更瞭解狗兒的方法之一，是就你在場時狗兒所發出的各種吠叫、低吼和其它聲音，以及其他狗在場時他所發出的聲音來建立行為譜。你是否能分辨不同的吠叫呢？比如尖銳高音、低音、一連串穩定的吠叫、短促的爆發叫……等等，你又能否辨識出觸發這些吠叫的可能原因呢？舉例來說，是因為有郵差路過、其他狗在遠方吠叫，或是因為早晨準備一起出門散步時你穿鞋太慢而狗兒不耐煩？研究完自家狗兒發出的聲音後，你可以觀察鄰里附近或狗公園裡的狗。

吠叫是狗兒天生行為中相當關鍵的一環，很可能也是溝通的重要工具。讓狗兒做自己表示要讓他們與彼此溝通，也就是讓狗兒發聲。當然，吠叫常被視為是一種問題，而「過度吠叫」對於飼主而言可能是個嚴重的問題，但所謂的過度又是由人類定義。吠叫的狗對我們以及對其他狗和動物來說，可能極度惱人。過度吠叫是狗兒遭送收容所的常見原因，也可能是養狗經驗中較令人挫折的部分。有些許吠叫是正常的，吠叫太多則可能是因為狗兒覺得無聊、挫折或感到壓力，訓練師與狗兒心理師常能協助找到造成過度吠叫的可能原因。如果狗兒的吠叫對你而言非常干擾，那麼你可能最好不要養狗。

有時人類解決狗兒過度吠叫的手段是訴諸手術，切除狗的喉頭 (voice box)。曾有一樁特別聳人聽聞的「問題吠叫」相關案例，美國奧勒岡州有對夫妻因為長達十年都無法控制好狗兒的吠叫問題，所以法院下令他們要切除家中六隻狗的喉頭[6]。有人會使用「去除吠叫」(debarking) 或是「軟化吠叫」(bark softening) 這樣含蓄的說法來形容切除手術，實則就是切斷聲帶，簡單來說就是嚴重傷害狗兒。永久去除狗兒主要的溝通工具，已是嚴重箝制了他們的自由。切斷聲帶絕不是處理吠叫行為的最佳解方，而經歷這種可怖手術的狗兒再也不能當一隻自在的狗。

除了吠叫，狗兒也常低吼。吠叫常用以做遠距離的溝通，而低吼常較小聲，用於近距離的溝通。不同低吼具備不同的意義，也有不同的情緒成分。比如說，在狗與狗或狗與人的拔河遊戲等玩耍行為中，狗兒可能會出現大聲低吼但不露齒，此時的低吼通常屬於遊戲的一部分，並非表示真的生氣或想攻擊。低吼作為嚴重警告時，可能是從胸腔或口腔發出的低沈聲音，露齒多少則不一定。研究顯示狗兒在嚴肅場合的低吼很「直白」，即低吼的聲量大小會反映出狗兒的體型大小與狗兒想攻擊的程度，但玩耍時的低吼會有更大的變異性。就算狗兒在遊戲時低吼也幾乎不會引發衝突，發生比率僅不到 2%[7]。狗兒也有能力清楚辨別預錄的「食物低吼」與「陌生人低吼」，並且做出適當的反應[8]。

不論低吼意義為何，很明顯可當作嚴正的警告或暗示潛在的攻擊性，所以狗兒低吼時我們需仔細注意他的肢體語言。人類不是每次都能正確解讀狗兒低吼的用意，不過對狗越有經驗的人越能分辨玩耍低吼與攻擊低吼的差異，女性在這方面看來也略勝男性一籌[9]。正如要瞭解狗兒其它感知一樣，我們該培養讀懂狗兒的能力，盡可能瞭解家中狗兒低吼的含意。除了「吠叫行為譜」(bark ethogram) 以外，也可考慮為你的狗兒建立「低吼行為譜」(growl ethogram)。

哀鳴與嗚咽：求救信號

狗兒常發出的另外兩種聲音為嗚咽 (whimpering) 與哀鳴 (whining)，這兩者是明顯不同的聲音溝通模式，但有時難以分辨，許多人會統稱為「哭哭」。哀鳴一般來說較大聲、偏高音，嗚咽則較小聲、偏低音。嗚咽通常表示狗不舒服，生病、緊張或是感到疼痛；哀鳴的溝通功能就沒那麼清楚。

2017 年有篇研究探討狗兒發聲與分離相關焦慮之間的關係，我們需要這類研究協助加深對狗兒的了解，為他們提供更好的幫助。過度吠叫通常被視為寵物狗分離相關疾患 (separation-related disorder, SRD) 的主要症狀之一，但此研究的彼得 · 龐格瑞茲 (Péter Pongrácz) 與其同事想確認有分離焦慮的狗兒是否會透過吠叫或哀鳴表達不安，或兩種皆用。龐格瑞茲的團隊發現事實與一般認知相反，即有分離焦慮的狗兒較可能哀鳴而非吠叫，特別是在飼主離去的時候，「哀鳴如果出現得早且持續，或許是一個能拿來診斷 SRD 的可靠指標」。哀鳴與吠叫可能會反映不同的內在狀態，龐格瑞茲的研究還發現有趣的一點，即在短暫的分離中，影響吠叫開始的時機與持續性最主要的因素是狗兒的年齡。較年輕的狗會比年長的狗提早吠叫，也叫得比較兇[10]。

關於狗兒「哭哭」有個常見迷思，就是很多人認為狗感到疼痛時一定會嗚咽。狗兒疼痛時固然有時會嗚咽，但不見得每次都會以聲音表達自己的不適，而沒有嗚咽聲也不代表狗兒沒有疼痛，因為有時狗兒會等到忍無可忍時才發出聲音，要是走到這步，就會和人類的狀況一樣，疼痛的成因常已惡化到難以治療的程度。面對任何受傷或醫療問題時，理想的作法是及早注意到疼痛，儘速以適當的照護或藥物解決根源問題。

此處有兩個重點：
(1) 如果狗兒嗚咽，可能某個地方有嚴重的問題，請儘速尋求獸醫協助；
(2) 不要單單仰賴狗兒發出的聲音來判斷他們是否不舒服，多加留心其它的行為線索，像是狗兒的身體姿勢與活動能力，如疑似有任何問題要立刻調查。

兒語與狗兒

幾乎每個人都曾模仿兒語 (baby talk) 與狗兒說話，或是看過其他人這麼做，就是有人跪下來熱情搓揉狗兒的臉和頭，用柔和的聲音對狗兒喋喋不休：「你好棒喔！你是不是很棒棒？腳腳好可愛喔！誰最愛小寶貝啊？」狗兒常讓人覺得像容易興奮的人類小孩，差別只在於狗狗毛茸茸的，所以我們會用「兒語」和他們說話，科學家稱之為「嬰兒導向語言 (infant-directed speech)……跟與成人說話的方式比起來，兒語的特色是音調較高而多變，速度較慢，母音發音更清楚[11]」。

用兒語會造成問題嗎？狗兒喜歡或在乎嗎？還是因為別無選擇所以只好忍受？我們又為何有這種奇特的行為？

2017 年公布的一份研究嘗試去瞭解寵物導向語言 (pet-directed speech)，研究人員發現，雖然人比較會對幼犬使用「兒語」，但也常用在年紀較長的狗兒身上。比起正常的說話方式，幼犬較容易受到兒語吸引，而年紀較長的狗兒看起來會選擇忽略兒語[12]。

因此面對狗兒的時候，不管他們年紀多大多成熟，我們有時偏好把他們當作孩子。兒語是否會對狗兒造成傷害？兒語本身應該不會，因為兒語幾乎都用以表達我們對狗兒的喜愛，許多狗兒可能在某種程度上喜歡這種說話方式。話說回來，年紀較長的狗和其他狗兒也可能覺得兒語令他們感到刺耳及困惑，就像如果有人用兒語對成年人說話，他可能也會覺得煩，請記得觀察你的狗兒對這種說話方式有什麼反應。

然而，動物倫理學家 (animal ethicist) 不太熱衷於兒語，因為他們認為這會強化人類將狗兒當作幼兒 (infantilize) 的傾向，進而忽略了狗兒是具備智力與能動性的個體，有特定的需求，比如需要與其他狗兒一起盡情奔跑。就像有人讓狗兒穿上粉紅芭蕾舞裙或格紋毛衣一樣，兒語可能會鼓勵人把狗兒當作玩具或玩偶這般沒有意識的玩物，而沒有將他們視為具備自覺與知覺的個體。

降低音量：保護狗兒的聽力

先前提到嗅覺與味覺的時候，我們討論過感覺剝奪 (sensory deprivation) 可能會嚴重限制狗兒的自由。不過提到聽覺，情況常正好相反。這個世界有時非常喧鬧吵雜，某些聲音對於我們的狗兒同伴來說很是干擾，所以若要讓狗兒感到更自由，一個重點就是尊重狗兒有需要安靜環境的需求，避免聽覺過載。我們可能會把搖滾樂團 AC/DC 或 刺脊樂團 (Spinal Tap - 電影《搖滾萬萬歲》中虛構的英國搖滾樂團) 的音樂用破表的音量播放，但尖銳聲、充滿回授 (feedback) 的搖滾樂實際上對狗耳是很大的折磨。如果你喜歡大聲播放音樂，或是做些會發出極大聲響、尖銳噪音的事情，像是使用吸塵器或是電動工具，記得一定要確保狗兒可以找到一個能不受聲音打擾的地方。

最重要的是要注意狗兒的行為，先不論原因為何，要觀察是否有跡象顯示環境噪音已對他們造成極大的痛苦。舉例來說，潔西卡有年夏天去了美國科羅拉多州科林斯堡，參加搖滾樂團野薑花合唱團 (Gin Blossoms) 的戶外演唱會，理論上這是個帶狗的理想場地，人潮分散開來，各自在草坪舖上毯子，擺上摺疊椅。然而，可能正是因為演唱會在戶外舉行，結果音響聲量調得大到聲音都失真，潔西卡必須用雙手摀住耳朵，甚至因為聲音已對身體造成不適而提早離場。潔西卡不是唯一不舒服的人，大約離她 5 公尺外的地方有對情侶帶了自己的狗兒，很明顯狗兒感到煩躁，耳朵後拉且尾巴下垂，還不停喘息，飼主看似完全沒察覺到狗兒的不適，也沒打算要離場。

就跟人一樣，如果長期暴露在極大聲的噪音中，狗兒可能會受到永久傷害以及喪失聽力。目前還沒有研究探討狗兒因噪音喪失聽力的問題，不過眾多研究已確認噪音對人類聽力產生影響，我們沒道理認為狗耳比人耳更能抵抗噪音造成的傷害。眾所皆知，獵犬可能面臨因噪音而喪失聽力的風險，就算槍聲或爆炸僅有一聲，但如果離狗太近，鼓膜可能會破裂或內耳會受損。另外，耳朵感染若未能妥善治療，也可能永久喪失聽力。

我們應當密切注意狗兒接觸的所有聲音，盡量保護他們的長期健康。不過，最容易讓狗兒享有更多聽覺自由的作法，大概是停止讓狗兒的吊牌持續響叮噹，如果狗兒會說話，他們可能最想投訴這種噪音。項圈上的吊牌常發出敲擊聲，讓狗兒無法好好聆聽周遭的世界，在走路、奔跑與玩耍時尤是如此，狗兒無法運用自己敏銳的聽覺感受環境。吊牌消音套 (tag silencer) 是一個套起吊牌的橡膠配件，物美價廉，用了它狗兒會大大感謝你。

注意聲音恐懼症

許多狗兒監護人知道某些聲響會引起狗兒同伴突然焦躁不安，常見的包含鞭炮、槍響和雷聲。確實，研究指出將近一半或甚至高達四分之三的家犬會害怕某些聲響，遇到的時候至少會出現一種行為反應來表達恐懼[13]，包括顫抖、打哆嗦、喘息、分泌唾液、躲藏，或是在屋內大小便。這類的恐懼反應通常稱為聲音恐懼症 (noise phobias)，尤其是當恐懼與特定的刺激有關，而且行為反應又很激烈時，例如遇到雷雨便抓木門想逃之夭夭。

有人可能因為壓破包裝氣泡墊時狗狗害怕地顫抖而笑出來，但聲音恐懼症可不是件好笑的事。顫抖是一種急性壓力的症狀，而我們都知道壓力對健康不好。人很害怕的時候會開玩笑說嚇到「減壽一年」，某方面來說確實如此，我們應該嚴肅看待恐懼，狗兒值得我們這麼做。

為了減少狗兒產生聲音恐懼症的機率，可以避免讓幼犬聽到嚇人的聲音，也可以幫狗兒針對各種聲音社會化。有些證據顯示，早期接觸到嚇人的聲響會使得相關恐懼症出現的風險增加，所以要盡可能避免幼犬接觸突發或大聲的噪音。然後，有些人也發現針對某個可怕的聲響逐漸減敏 (desensitization) 可預防恐懼症的發生，有些時候也可幫助狗兒克服恐懼。美國科羅拉多州波德谷人道協會 (Humane Society of Boulder Valley) 舉辦的幼犬社會化課程中，就包括了漸進式的鞭炮聲響。一開始會在背景播放小小聲的鞭炮聲，同時不斷給幼犬零食和稱讚，隨著每週時間過去，鞭炮聲逐漸調大，幼犬根本沒注意到鞭炮聲，因為他們只想著吃零食和與其他幼犬玩耍。

縱使付出這些努力，狗兒可能仍會討厭某些聲響，我們還是要盡力保護狗兒朋友不必受這些聲響之苦。此外，對聲響的敏感也可能是疼痛的徵兆，所以如果狗兒對大的聲響表現出恐懼或焦慮，可能是該帶他們看獸醫的時候[14]。在極端的案例中，出現聲音恐懼症的狗兒可能需要去看行為專家。處方藥物也可協助一些狗兒緩解焦慮，在一些無法控制聲音來源的場合，比如雷雨或國慶日煙火等，則可作為預防之用[15]。

狗兒需要的是你，不是廣播

有時要把狗兒長時間單獨留在某處時，人會打開電視或廣播給他聽，希望能達到像對人一樣的安慰或是「娛樂」效果，但事實上這可能對狗兒一點好處都沒有。電視影像、音樂和有聲書本質上都不太可能引起狗兒的興趣，就算電視播放的是活跳跳的松鼠也一樣。如說真有影響，電視或廣播的聲響反倒可能干擾狗兒聆聽戶外聲音的能力，而其實聽到外面的聲音可能更為重要。多數狗兒認為他們的重要工作就是守護家與家人，所以他們可能比較想要整天注意外面「自然」的聲音，這些聲音可能更有趣、更刺激，也更能豐富狗兒的生活。除非音量太大，不然整天開著廣播並不會傷害狗兒，也確實有些訓練師和獸醫表示某些音樂與預錄的聲音可以安定狗狗，或許能應用於治療分離焦慮與聲音恐懼症[16]。不過總的來說，電視、廣播和音樂無法成為與人類互動的替代品。治療分離焦慮、孤單及無聊最好的方式，就是不要長時間留狗兒獨處。

本章注釋及參考資料

1. Beth McCormick, "Fido Can Hear You, but Is He Really Listening?" Starkey Hearing Technologies, November 1, 2017, https://www.starkey.com/blog/2017/11/can-my-dog-understand-me.
2. George M. Strain, "How Well Do Dogs and Other Animals Hear?" Deafness in Dogs & Cats (Louisiana State University), last updated April 10, 2017, https://www.lsu.edu/deafness/hearingrange.html.
3. P. R. Simonet, M. Murphy, and A. Lance, "Laughing Dog: Vocalizations of Domestic Dogs during Play Encounters," paper presented at the meeting of the Animal Behavior Society, Corvallis, OR, 2001.
4. A. Andics et al., "Neural Mechanisms for Lexical Processing in Dogs," *Science* 353 (September 2016): 1030–32, http://science.sciencemag.org/content/353/6303/1030.
5. Dorit Feddersen-Petersen, "Communication — Vocal: Communication in Dogs and Wolves," in *Encyclopedia of Animal Behavior*, ed. Marc Bekoff (Westport, CT: Greenwood Press, 2004), 385–94.
6. Aimee Green, "Owners Must Surgically 'Debark' Loud Dogs, Court Rules," *Oregonian*, August 31, 2017, http://www.oregonlive.com/pacific-northwest-news/index.ssf/2017/08/owners_must_surgically_debark.html.
7. Bekoff, "A Dog Companion's Guide," chap. 9 in *Canine Confidential*.
8. Tamás Faragó, "Dog (*Canis familiaris*) Growls as Communicative Signals" (PhD thesis, Eötvös Loránd University, Budapest, 2011), http://teo.elte.hu/minosites/ertekezes2011/farago_t.pdf.
9. Tamás Faragó et al., "Dog Growls Express Various Contextual and Affective Content for Human Listeners," *Royal Society Open Science* 4 (May 17, 2017): 170134, doi: 10.1098/rsos.170134.
10. Péter Pongrácz et al., "Should I Whine or Should I Bark?: Qualitative and Quantitative Differences between the Vocalizations of Dogs with and without Separation-Related Symptoms," *Applied Animal Behaviour Science* 196 (November 2017): 61–68, doi: 10.1016/j.applanim.2017.07.002.
11. Tobey Ben-Aderet et al., "Dog-Directed Speech: Why Do We Use It and Do Dogs Pay Attention to It?" *Proceedings of the Royal Society B* 284 (January 11, 2017), http://rspb.royalsocietypublishing.org/content/284/1846/20162429.
12. Ibid.
13. Emily Blackwell, John Bradshaw, and Rachel Casey, "Fear Responses to Noises in Domestic Dogs: Prevalence, Risk Factors, and Co- occurrence with Other Fear Related Behaviour," *Applied Animal Behaviour Science* 145 (2013): 15–25, https://www.applied animalbehaviour.com/article/s0168-1591(12)00367-x/abstract. See also Katriina Tiira, Sini Sulkama, and Hannes

Lohi, "Prevalence, Comorbidity, and Behavioral Variation in Canine Anxiety," *Journal of Veterinary Behavior* 16 (2016): 36–44, https://pdfs.semanticscholar.org/a3de/432e01cbfbc60c17a662219d6262344b2451.pdf.

14. "Dogs with Noise Sensitivity Should Be Routinely Assessed for Pain by Vets," Phys-Org, March 20, 2018, https://phys.org/news/2018-03-dogs-noise-sensitivity-routinely-pain.html.
15. M. Korpivaara et al., "Dexmedetomidine Oromucosal Gel for Noise-Associated Acute Anxiety and Fear in Dogs: A Randomised, Double-Blind, Placebo-Controlled Clinical Study," *Veterinary Record* 180, no. 14 (April 8, 2017), https://www.ncbi.nlm.nih.gov/pubmed/28213531.
16. "Research," iCalmPet, accessed September 8, 2018, https://icalmpet.com/about/music/research.

遊戲
感官的萬花筒

我們把社交遊戲留待本書最後才討論，因為遊戲是個感官的萬花筒。先前各章討論過狗兒如何同時使用多種感官瞭解世界和其他人狗，並與其互動，現在來談遊戲正好可以整合這一系列的討論。玩遊戲一定會用到視覺與觸覺，狗兒會仔細看其他的狗，也會互相追逐、摔角以及含住對方。玩遊戲也涉及聽覺與發聲，狗兒會發出玩耍的喘息聲與低吼，而氣味對狗兒如此重要，嗅覺當然也扮演關鍵的角色。這樣一來只剩下味覺，這個感官可能是玩耍時最不重要的，但是誰知道呢？或許狗兒含住彼此時，獲得的資訊遠超過我們所理解。

說了這麼多，到底什麼是遊戲？這個問題看似簡單，卻困擾了研究者許多年。我們通常覺得只要看到了就能分辨，但要賦予社交遊戲 (social play) 一個能引導後續研究的定義還真有點棘手。多年前馬克與行為生態學家約翰 · 拜爾斯 (John Byers)，融合了他們與其他人在哺乳動物身上觀察到的多種遊戲特質，創造了一個定義。當年他們創造這個定義時，拜爾斯已研究美國亞利桑那州的野豬 (或稱猯猪，peccaries) 多時，而馬克正在研究犬類家族中各種成員，包括家犬、狼、豢養郊狼與野生郊狼、胡狼與狐狸。他們建立的定義如下：

> 社交遊戲是一個朝向另一個體的活動，來自其它情境的動作以修正後的形式用於其中，動作的順序也有所改變，有些動作在遊戲時持續的時間比沒在遊戲時來得短。

你可能也注意到了這個定義關乎動物玩遊戲時做了什麼；換言之，定義說的是遊戲的架構，而不是可能的功能。

狗兒如何玩遊戲

為了瞭解遊戲多種功能或其重要性，第一步即是正確定義遊戲，讓我們看到時能加以分辨。上述定義在講的是，遊戲是來自不同情境的不同動作所組成的大雜燴，狗兒將動作做了修改，然後在原本情境外使用這些動作，這些特點都能幫助我們把這些動作定義為遊戲。比如說，遊戲常用到啃咬，但是此處的啃咬受到控制，所以不會造成疼痛或傷害，和打架的情境有所不同。遊戲中的約束稱為「自我設限」(self-handicapping)，地位高的狗兒常在遊戲時讓自己「受到其他狗兒的支配」(dominated)，這稱為「角色互換」(role reversing)。如果是在遊戲時這麼做，狗兒就不會害怕自己是否會遭到其他狗痛扁或是篡位。狗兒在遊戲時這麼做，是因為知道這樣是安全的。狗兒的遊戲也具有其它情境看不到的獨特行為要素，像是「邀玩鞠躬」(play bow)。這個動作稱為**鞠躬**是因為狗兒前腳會下趴，屁股翹高，可能也會搖尾巴或吠叫，其他狗兒會把邀玩鞠躬視為一起玩耍的邀請。

就像人類孩子在遊戲場上學習公平與社會化等等重要的事情一樣，動物與朋友嬉鬧時也學著如何合作與公平玩耍。研究指出，動物在遊戲時會遵循基本的公平原則：**先邀約、要誠實、守規矩、懂認錯**。狗兒玩得粗暴時，很多人會跟著緊張起來，但狗兒間的遊戲時段絕大多數都很公平，也極少演變成真的攻擊行為。梅麗 · 莎西恩 (Melissa Shyan) 與同事發現，不到 0.5% 的打鬧會發展為衝突，其中又僅有不到一半是明確的攻擊性衝突 [1]。

如果遊戲時有狗兒做錯事，狗兒彼此會用溫和的指責表達：「嘿，我以為我們在玩耶，如果你想繼續和我玩，就不可以這樣。」最後，玩遊戲都是自願的，玩耍時狗兒可隨時退出，其他狗兒似乎也都知道哪隻狗兒暫時玩夠了。

當然，可能需要一些練習才能越來越懂得如何分辨何時是玩鬧、打架，或含有攻擊性和火藥味的相處，我們希望這一章對你有幫助。很遺憾的是，有些人沒看出來狗兒其實在玩，所以會打斷遊戲時間。在狗公園常常看到這樣的例子，人誤以為低吼與吠叫表示狗兒生氣了，但狗兒只是在玩。資料顯示，我們需要相信狗兒知道遊戲時自己在做什麼，所以我們要當細心的觀察員，讓狗兒當狗，與朋友開心玩耍，也要記住遊戲鮮少演變成真正的攻擊行為。

遊戲的重要

提供狗兒同伴充分的機會與朋友玩耍、認識新玩伴，是豐富狗兒生活時最簡單但最重要的做法之一。有人卻認為，既然遊戲屬於輕鬆有趣的活動，所以是「額外」，而非必須，但事實上大量玩耍的機會對狗兒的快樂與福祉至關重要。遊戲除了好玩、開心之外，還有許多其它功能，有助滿足各種生理、情緒、社會與認知需求[2]。遊戲可以提供與其他人、狗建立社交及實體連結的機會，可發展出該物種所需的社交技能。

也就是說，遊戲可協助發展與維持社交連結及技巧，建立動作技能 (motor skill)，也是極佳的有氧與無氧運動。遊戲可以刺激認知，舉例來說，動物在遊戲中學習啃咬的力道、玩瘋的時候如何避免撞到東西，還有如何解讀其他人和狗表達的複雜多重訊號，通常他們還得邊跑邊解讀[3]。遊戲也讓狗兒投入情緒，因為玩耍可讓狗兒感到快樂。狗兒與其他動物在遊戲時，顯然樂在其中。動物常常只是為了玩而玩，因為玩耍的感覺很好。遊戲還有破冰與抗焦慮的效果，在緊繃的場合可以降低焦慮，因此能預防某個場合越演越烈，變得具攻擊性。

基於上述原因，社交遊戲對於收容所的狗兒不可或缺，因為遊戲有助他們學習社交技能，這在他們被領養後要和人類共享一個家時是必要的技能。「狗狗樂活」(Dogs Playing for Life, DPFL) 這個機構提供了愉快的豐富化課程，讓收容所狗兒在等待領養時，能享受與朋友一同嘻鬧玩耍的時光。如果想要看看這些鼓舞人心的例子，可參考 DPFL 的影片「脫胎換骨遊戲班」(The Playgroup Change)，你會看到這些狗兒有多熱愛遊戲[4]。DPFL 解釋得很清楚，狗兒學習到的社交技能不單對自己有好處，對即將與狗兒一起生活的人類也是。

此外，遊戲幫助狗兒與其他動物「為出乎意料的狀況做準備」，或是說讓他們建立行為彈性。遊戲時光充滿千變萬化的狀況和不可預測的事物，大家的動作也多半隨機，這些都是遊戲固有的特色，玩得忘我的動物真的不知道誰接下來會做什麼。馬克和同事馬瑞克 · 史賓卡 (Marek Špinka) 及茹絲 · 紐柏瑞 (Ruth Newberry) 針對眾多物種的遊戲行為，回顧了大量現有文獻，他們認為動物玩遊戲的其中一個原因是：練習在面臨嶄新的狀況時隨機應變。比如說，咬來咬去之後可能會出現騎乘；含住對方和摔角過後可能開始追逐；舔完臉後轉為低吼；狗兒也可能在任何時刻一躍而起，接著卯起來繞圈跑，然後再度跳到彼此身上玩摔角[5]。遊戲可讓狗兒增加動作多樣性，以及自突發的驚嚇中回復的能力，比如失去平衡、摔跤等情形，藉此狗兒的情緒會更能面對預料之外的緊張情境。此外，為了「訓練自己面對出乎意料的情境」，狗兒遊戲時會主動尋找、製造出乎意料的狀況，這可能也是他們主動讓自己陷於不利姿勢或困境的原因之一。

對幼犬而言，遊戲特別重要。遊戲是許多幼年與青少年動物與生俱來的行為，不論是野生或馴化動物都是如此，也包括家犬在野外的犬類親戚在內。的確，幼年與青少年的遊戲行為可能已普遍在各物種間逐漸演進，因為遊戲能幫助年輕的動物順利發展為成年動物，人類的孩子亦是如此。為了讓個體成長為該物種中能正常運作的成員，遊戲是關鍵。在童年時期，透過遊戲也可及早訓練個體學會許多他們需要的技能。

遊戲即獎勵：所有遊戲都是好遊戲

有些飼主帶狗去狗公園，但狗兒拒絕與其他狗玩耍的話，飼主會非常生氣或擔心狗兒是否出了問題。不過，我們要記得遊戲是一種自願行為，不論什麼時候狗兒都可能有自己的原因而想去做其它事情。

有的狗兒比較喜歡沿著圍籬先嗅聞一番，有的狗兒則是沒看到想一起玩的同伴所以選擇不玩，有時狗兒選玩伴可挑剔的呢。這都沒什麼不對，而且因為遊戲具有感染力，挑剔的狗兒常常最終還是會受到吸引而一起玩。當然，未經良好社會化或過去曾歷經創傷的狗兒，與其他狗相處時可能感到不自在，因此不願意一起玩。有些狗兒在幼犬時期沒能學會如何玩遊戲，成年後可能會覺得不得其門而入，這是令人難過的事。然而就算是這樣，靠著耐心、時間與機會，很多原本不玩的狗兒也會變得愛玩，甚至變成箇中高手。

另外，所有遊戲都是好遊戲。遊戲時光不見得一定要有其他狗，一般來說狗兒也喜愛與人類同伴一塊兒玩，就像我們喜歡與狗兒一起玩一樣。不論是拔河、捉迷藏，或是心血來潮臨時編出來的遊戲、才藝和嬉鬧，比如人彎腰撿球時狗兒突然把球叼走，這些都很好玩。雖然沒有研究探討過犬類的幽默感，但很多人信誓旦旦說他們的狗兒確實覺得某些事情特別好笑[6]。對於同住一家的其他物種，比如貓或鳥，有些狗兒還開發出和他們同樂的遊戲，或是玩耍互動的形式。

最後，狗兒也喜歡自己玩。潔西卡的狗兒朋友帕比就是個例子，帕比很愛將襪子與松果拋到空中，然後追著這些東西跑；貝拉則有時會用前腳將球埋入雪中，之後再像打獵一樣把球挖出來。

有種單獨玩耍的行為常見於幼犬，有時被稱為「狂衝」(zoomies)，此行為有個科學專有名詞：「狂熱隨機活動期」(frenetic random activity periods)，或簡稱 FRAPs。狂衝是一種高能量的爆發活動，當下狗兒看起來好似中邪，結束後常會精疲力盡地躺下，彷彿剛跑完一場馬拉松。狗兒訓練師史蒂芬 · 林西 (Steven Lindsay) 是少數曾正式撰文討論此行為的人，他認為狂衝是種單獨、自發、不定向的玩耍行為。他寫道：

> 這項奇觀可能會讓首次養狗的飼主懷疑狗兒是否暫時瘋了，出現此行為的狗兒看起來像是受到一股自發性運動脈衝附身，四

處狂奔，以壓車的姿勢繞過障礙物，或是想要逃開後方那位窮追不捨但其實不存在的追兵。有時候狗兒想往前直奔，但自己的身體跟不上，導致狗兒沿著自己的狂熱路線使勁跑時，整個身體看起來拱成一團。這般釋放能量的玩耍行為達到高潮後，狗兒可能咧嘴而笑，耳朵往後方豎[7]。

狗兒為何要狂衝？沒人知道真正的原因，對於每隻狗來說原因或許不盡相同。幼犬看來比成犬更常狂衝，有些狗比起其他狗又特別會狂衝。帕比十個月大的時候很熱衷於狂衝，她的人類夥伴薩吉認為狂衝會讓帕比的腎上腺素激增。再問薩吉是什麼觸發帕比的狂衝，薩吉答道：「搗蛋鬼上身的時候。」帕比隔著圍籬鬧其他狗兒的時候、從其他狗兒那偷東西的時候，或是跟薩吉唱反調的時候，就會揭開狂衝的序幕。潔西卡家裡的狗兒年紀較大，不常狂衝，但只要一洗澡就必定觸發狂衝。一旦狗兒吹乾了身子可以離開的時候，他們會繞著家裡狂衝好幾分鐘，最後精疲力盡癱倒在地。對貝拉來說，穿過附近高中後方空地的高草之間，是觸發狂衝的因子，突然之間，貝拉會開始如玩耍般地繞圈快跑，一副瘋狂的模樣，然後又突然之間，她會停下來回到剛剛正常散步的樣子，好像方才什麼事都沒發生。

也沒什麼理由必須阻止狂衝，但如果妳的狗兒會狂衝，請確保他們不會在奔跑時撞到可能會翻覆的物品，或是不會被電線絆倒等等。也請保護好自己，因為狗兒超級興奮的時候可能會撞上你的膝蓋骨，記得眼觀四面、腳往後站、膝蓋微彎，如此一來狗兒狂衝撞到你時，腿部可吸收衝擊力。

就如狗兒行為的其它層面，狂衝也極需更加深入的研究，我們很期待相關研究結果出爐。不管是誰去操作此研究，一定會很好玩，說不定連研究人員自己都會狂衝起來。

總結來說，人類必須學習分辨自家狗兒的遊戲行為，且讓狗兒玩得心滿意足。正如其它類型的行為，玩耍也提供我們能夠更加認識家中狗兒與其他狗兒的機會。所以呢，可以就玩耍建立個行為譜，仔細觀察狗兒的玩耍互動，誰知道你會發現什麼趣事呢？

本章注釋及參考資料

1. Melissa R. Shyan, Kristina A. Fortune, and Christine King, "'Bark Parks': A Study on Interdog Aggression in a Limited-Control Environment," *Journal of Applied Animal Welfare Science* 6, no. 1 (2003): 25–32, http://freshairtraining.com/pdfs/barkparks.pdf. Although Marc and his students didn't keep detailed records on this aspect of play for dogs, they observed that play didn't turn into serious fighting more than around 2 percent of the time among the thousands of play bouts they observed. Current observations at dog parks around Boulder, Colorado, support this conclusion. Additionally, he and his students observed numerous play bouts among wild coyotes, mainly youngsters, and on only about five occasions did they see play fighting escalate into serious fighting.
2. For a detailed discussion of dogs' needs, see Linda Michaels, *Do No Harm: Dog Training and Behavior Manual* (2017), https://gumroad.com/lindamichaels; and Linda Michaels, "Hierarchy of Dog Needs," Del Mar Dog Training, http://www.dogpsychologistoncall.com/hierarchy-of-dog-needs-tm.
3. Rebecca Sommerville, Emily A. O'Connor, and Lucy Asher, "Why Do Dogs Play?: Function and Welfare Implications of Play in the Domestic Dog," *Applied Animal Behaviour Science* 197 (2017): 1–8.
4. For more information, see Marc Bekoff, "The Power and Importance of Social Play for Sheltered Dogs," *Animal Emotions* (blog), *Psychology Today*, July 28, 2018, https://www.psychologytoday.com/us/blog/animal-emotions/201807/the-power-and-importance-social-play-sheltered-dogs. See also the website Dogs Playing for Life (https://dogsplayingforlife.com) and their video "The Playgroup Change" (https://drive.google.com/file/d/1arizcmufkqi3vjezamt9n hc5ljtbx2fp/view).
5. Marek Špinka, Ruth Newberry, and Marc Bekoff, "Mammalian Play: Training for the Unexpected," *Quarterly Review of Biology* 76 (2001): 141–68, https://www.ncbi.nlm.nih.gov/pubmed/11409050. See also Marc Bekoff, "How and Why Dogs Play Revisited: Who's Confused?" *Animal Emotions* (blog), *Psychology Today*, November 29, 2015, https://www.psychologytoday.com/blog/animal-emotions/201511/how-and-why-dogs-play-revisited-who-s-confused.
6. Bekoff, "Dogs Just Want to Have Fun," chap. 3 in Canine Confidential.
7. Steven Lindsay, ed., *Handbook of Applied Dog Behavior and Training,* vol. 3 (Ames, IA: Iowa State Press, 2005), 322.

狗兒的狀態與未來

圈養是我們狗兒同伴的存在狀態，之前強調過隨圈養而來的代價很高。

對狗兒來說，身為寵物生活並不容易，要當「好狗狗」就必須持續面對施加於狗兒本性的各種限制。先不論狗兒是否「選擇」了和我們一同演化，狗兒對於他們所居住的環境選擇甚少，對於可以做哪些事也常沒有掌控的空間。人狗關係中存在著關鍵性的不對等：我們享有眾多自由，狗兒則否。狗兒能擁有多少自由，端看我們允許他們擁有多少。由於我們多方限制狗兒的天生行為，所有寵物狗在行為上都會受到某種程度的挑戰。雖然表面不一定看得出來，但他們很努力去調適。在狗兒試著適應我們的家與周遭環境時，每一位狗兒監護人都有義務讓調適變得容易些，將圈養的代價降至最低，減少狗兒每天經歷的剝奪感。為了達到這個目標，我們可以多加注意狗兒的天性以及他們真正的需求。

我們想傳達的根本訊息，還有整本書強調能提昇狗兒自由的心法就是：盡量讓狗兒做自己，並以耐心與善意相伴。同時要仔細觀察家中狗兒獨特的個性與習性，因為每一隻狗兒都是鮮明的個體。

披頭四的歌說得好，我們都需要一點朋友的幫助度日 (Beatles: With a Little Help from My Friends)。有時我們忘了人狗關係是雙向的，在友誼的這端，我們必須積極為狗兒提供美好生活，要找到方法為狗兒調整我們自身和家中環境。增強的安排與豐富的生活，並無法完全解決圈養帶來的問題，但對於讓狗兒生活得更快樂、更滿足，有長遠的效果。

十種讓狗兒更快樂滿足的方式

1. 讓狗當狗。
2. 教導狗兒如何在人類環境中成長茁壯。
3. 和狗兒共享體驗。
4. 對狗兒能教你的事心懷感謝。
5. 讓狗兒的生活成為一趟歷險記。
6. 盡可能給狗兒多些選擇。
7. 提供多樣化飲食、散步、交朋友的機會，讓狗兒生活更有意思。
8. 讓狗兒有無窮無盡的機會玩耍。
9. 每天關愛狗兒，注意狗兒。
10. 對狗兒忠心耿耿。

有人常說狗兒是他們最重要的情緒支柱。為什麼呢？這些人常說：「因為我的狗愛我的本性。」當我們愛狗兒、尊重狗兒的本性，對各方來說都是雙贏的局面。有狗兒陪伴我們的人生旅途，是多麼幸運的事啊。我們也要努力，期盼有天狗兒也能因我們在狗生旅途同行而感到驕傲。

作者致謝

我們要雙雙感謝傑森 · 加德納 (Jason Gardner)、莫尼克 · 穆藍坎普 (Monique Muhlen-kamp)，和出版商新世界圖書館 (New World Library) 全體同仁對於本書的信念與堅定的支持。一如往常，傑夫 · 坎貝爾 (Jeff Campbell) 是一位優秀的審稿人。馬克要感謝潔西卡長久以來持續與他合作，更感謝她機智的妙語、新穎的洞見、諷刺的功力、一同腦力激盪的意願以及她送的黑巧克力。還要謝謝瓦萊麗 · 貝爾特 (Valerie Belt)、貝蒂 · 摩斯 (Betty Moss)、彼得 · 費雪 (Peter Fisher) 用全世界收集而來的參考資料塞滿馬克的收件匣，如果沒有他們，許多重要有趣的資料就會不為人知。潔西卡則要感謝馬克長久以來的合作，感覺上更像是一塊兒遊戲，而不僅是工作。也感謝瑪雅與貝拉無與倫比的陪伴。

參考書目

以下為若干與本書討論主題相關的重要參考資料，其中許多已在內文引述，其它則列出以示在狗兒、狗兒的野生親戚與其他動物領域所做過的廣泛研究。

Abbott, Elizabeth. *Dogs and Underdogs: Finding Happiness at Both Ends of the Leash*. New York: Viking, 2015.

Abrantes, Roger. *Dog Language: An Encyclopedia of Canine Behaviour*. Ann Arbor, MI: Wakan Tanka, 2009.

Allen, Laurel. "Dog Parks: Benefits and Liabilities." Master's capstone project, University of Pennsylvania, May 29, 2007. http://repository.upenn.edu/cgi/viewcontent.cgi?article=1017&context=mes_capstones.

Andics, A., A. Gábor, M. Gácsi, T. Faragó, D. Szabó, and Á. Miklósi. "Neural Mechanisms for Lexical Processing in Dogs." *Science* 353 (September 2016): 1030–32. http://science.sciencemag.org/content/early/2016/08/26/science.aaf3777.

Archer, John. "Why Do People Love Their Pets?" *Evolution and Human Behavior* 18 (1997): 237–59. http://courses.washington.edu/evpsych/archer_why-do-people-love-their-pets_1997.pdf.

Arden, Rosalind, and Mark James Adams. "A General Intelligence Factor in Dogs." *Intelligence* 55 (2016): 79–85. http://www.sciencedirect.com/science/article/pii/S016028961630023x.

Arden, Rosalind, Miles K. Bensky, and Mark J. Adams. "A Review of Cognitive Abilities in Dogs, 1911 through 2016: More Individual Differences, Please!" *Current Directions in Psychological Science* 25, no. 5 (2016): 307–12. http://journals.sagepub.com/doi/full/10.1177/0963721416667718.

Arnold, Jennifer. *Love Is All You Need*. New York: Spiegel & Grau, 2016.

Artelle, K.A., L. K. Dumoulin, and T. E. Reimchen. "Behavioural Responses of Dogs to Asymmetrical Tail Wagging of a Robotic Dog Replica." *Laterality* 16 (2011): 129–35. http://www.ncbi.nlm.nih.gov/pubmed/20087813.

Arthur, Nan Kené. *Chill Out Fido!: How to Calm Your Dog*. Wenatchee, WA: Dogwise Publishing, 2009.

Autier-Dérian, Dominique, Bertrand L. Deputte, Karine Chalvet- Monfray, Marjorie Coulon, and Luc Mounier. "Visual Discrimination of Species in Dogs (*Canis familiaris*)." *Animal Cognition* 16, no. 4 (July 2013): 637–51. https://www.ncbi.nlm.nih.gov/pubmed/23404258.

Bálint, Anna, Tamás Faragó, Antal Dóka, Ádám Miklósi, and Péter Pon- grácz. "'Beware, I Am Big and Non-Dangerous!'—Playfully Growling Dogs Are Perceived Larger Than Their Actual Size by Their Canine Audience." *Applied Animal Behaviour Science* 148, nos. 1–2 (2013):128–37. https://www.sciencedirect.com/science/article/pii/s0168159113001871.

Ball, Philip. "Don't Be Sniffy If You Smell like a Dog." *Guardian*.May 14, 2017. https://www.theguardian.com/science/2017/may/14/dont-be-sniffy-if-you-smell-like-a-dog.

Bartram, Samantha. "All Dogs Allowed." *Parks and Recreation*. National Recreation and Park Association. January 1, 2014. https://www.nrpa.org/parks-recreation-magazine/2014/january/all-dogs-allowed.

Bauer, Erika, and Barbara Smuts. "Cooperation and Competition during Dyadic Play in Domestic Dogs, *Canis familiaris*." *Animal Behaviour* 73 (2007): 489–99. http://psycnet.apa.org/psycinfo/2007-03752-013.

Beaver, Bonnie. *Canine Behavior: Insights and Answers*. 2nd ed. St. Louis: Saunders Elsevier, 2009.

Becker, Marty, Lisa Radosta, Wailani Sung, and Mikkel Becker. *From Fearful to Fear Free*. Deerfield Beach, FL: Health Communications, 2018.

Bekoff, Marc. *Animal Emotions: Do Animals Think and Feel?* (blog). *Psychology Today*, 2009–present. https://www.psychologytoday.com/blog/animal-emotions.

——. "Anthropomorphic Double-Talk: Can Animals Be Happy but Not Unhappy? No!" *Animal Emotions* (blog). *Psychology Today*, June 24, 2009. https://www.psychologytoday.com/blog/animal-emotions/200906/anthropomorphic-double-talk-can-animals-be-happy-not-unhappy-no.

——. "Bowsers on Botox: Dogs Get Eye Lifts, Tummy Tucks, and More." *Animal Emotions* (blog). *Psychology Today*, March 23, 2017. https://www.psychologytoday.com/blog/animal-emotions/201703/bowsers-botox-dogs-get-eye-lifts-tummy-tucks-and-more.

——. *Canine Confidential: Why Dogs Do What They Do*. Chicago: University of Chicago Press, 2017.

——."Do Dogs Ever Simply Want to Die to End the Pain?"*Animal Emotions* (blog). *Psychology Today*, December 17, 2015. https://www.psychologytoday.com/blog/animal-emotions/201512/do-dogs-ever-simply-want-die-end-the-pain.

——. "Do Dogs Really Bite Someone for 'No Reason at All'? Take Two." *Animal Emotions* (blog). *Psychology Today*, December 5, 2016. https://www.psychologytoday.com/blog/animal-emotions/201612/do-dogs-really-bite-someone-no-reason-all-take-two.

——. "Do Dogs Really Feel Guilt or Shame? We Really Don't know." *Animal Emotions* (blog). *Psychology Today*, March 23, 2014. https://www.psychologytoday.com/blog/animal-emotions/201403/do-dogs-really-feel-

guilt-or-shame-we-really-dont-know.
——. "Dogs and Guilt: We Simply Don't Know." *Animal Emotions* (blog). *Psychology Today*, February 9, 2018. https://www.psychology today.com/blog/animal-emotions/201802/dogs-and-guilt-we-simply-dont-know.
——. "Dogs: Do 'Calming Signals' Always Work or Are They a Myth?" *Animal Emotions* (blog). *Psychology Today*, June 25, 2017. https://www.psychologytoday.com/us/blog/animal-emotions/201706/dogs-do-calming-signals-always-work-or-are-they-myth.
——. "Dogs Growl Honestly and Women Understand Better Than Men." *Animal Emotions* (blog). *Psychology Today*, May 17, 2017. https://www.psychologytoday.com/us/blog/animal-emotions/201705/dogs-growl-honestly-and-women-understand-better-men.
——. "Dogs Know When They've Been Dissed, and Don't Like It a Bit." *Animal Emotions* (blog). *Psychology Today*, July 23, 2014. https://www.psychologytoday.com/blog/animal-emotions/201407/dogs-know-when-theyve-been-dissed-and-dont-it-bit.
——. "Dogs Line Up with the Earth's Magnetic Field to Poop and Pee." *Animal Emotions* (blog). *Psychology Today*, January 2, 2014. https://www.psychologytoday.com/blog/animal-emotions/201401/dogs-line-the-earths-magnetic-field-poop-and-pee.
——. "Dog Smarts: If We Were Smarter, We'd Understand Them Better." *Animal Emotions* (blog). *Psychology Today*, January 11, 2017. https://www.psychologytoday.com/blog/animal-emotions/201701/dog-smarts-if-we-were-smarter-wed-understand-them-better.
——. "Do Our Dogs Really Love Us More Than Our Cats Do?" *Animal Emotions* (blog). *Psychology Today*, February 3, 2016. https://www.psychologytoday.com/blog/animal-emotions/201602/do-our-dogs-really-love-us-more-our-cats-do.
——. *The Emotional Lives of Animals*. Novato, CA: New World Library, 2007.
——."Gosh, My Dog Is Just Like Me! Shared Neuroticism."*Animal Emotions* (blog). *Psychology Today*, February 11, 2017. https://www.psychologytoday.com/blog/animal-emotions/201702/gosh-my-dog-is-just-me-shared-neuroticism.
——. "Hidden Tales of Yellow Snow: What a Dog's Nose Knows — Making Sense of Scents." *Animal Emotions* (blog). *Psychology Today*, June 29, 2009. https://www.psychologytoday.com/blog/animal-emotions/200906/hidden-tales-yellow-snow-what-dogs-nose-knows-making-sense-scents.
——. "A Hierarchy of Dog Needs: Abraham Maslow Meets the Mutts." *Animal Emotions* (blog). *Psychology Today*, May 31, 2017. https://www.psychologytoday.com/blog/animal-emotions/201705/hierarchy-dog-needs-abraham-maslow-meets-the-mutts.
——. "Hugging a Dog Is Just Fine When Done with Great Care." *Animal Emotions*

(blog). *Psychology Today*, April 28, 2016. https:// www.psychologytoday.com/blog/animal-emotions/201604/hugging-dog-is-just-fine-when-done-great-care.
——. "iSpeakDog: A Website Devoted to Becoming Dog Literate." *Animal Emotions* (blog). *Psychology Today*, March 27, 2017. https://www.psychologytoday.com/blog/animal-emotions/201703/ispeakdog-website-devoted-becoming-dog-literate. An interview with Tracy Krulik, founder of iSpeakDog.
——. *Minding Animals: Awareness, Emotions, and Heart*. New York: Oxford University Press, 2002.
——. "Older Dogs: Giving Elder Canines Lots of Love and Good Lives." *Animal Emotions* (blog). *Psychology Today*, December 1, 2016. https://www.psychologytoday.com/blog/animal-emotions/201612/older-dogs-giving-elder-canines-lots-love-and-good-lives.
——. "Perils of Pooping: Why Animals Don't Need Toilet Paper." *Animal Emotions* (blog). *Psychology Today*, January 14, 2014. https://www.psychologytoday.com/blog/animal-emotions/201401/perils-pooping-why-animals-dont-need-toilet-paper.
——. "Play Signals as Punctuation: The Structure of Social Play in Canids." *Behaviour* 132 (1995): 419–29. http://cogprints.org/158/1/199709003.html.
——. *Rewilding Our Hearts: Building Pathways of Compassion and Coexistence*. Novato, CA: New World Library, 2014.
——. "Scent-Marking by Free Ranging Domestic Dogs: Olfactory and Visual Components." *Biology of Behavior* 4 (1979): 123–39.
——, ed. *The Smile of a Dolphin: Remarkable Accounts of Animal Emotions*. Washington, DC: Discovery Books, 2000.
——. "Social Communication in Canids: Evidence for the Evolution of a Stereotyped Mammalian Display." *Science* 197 (1977): 1097–99. http://animalstudiesrepository.org/cgi/viewcontent.cgi?article=1038&context=acwp_ena.
——. "Some Dogs Prefer Praise and a Belly Rub over Treats." *Animal Emotions* (blog). *Psychology Today*, August 22, 2016. https://www.psychologytoday.com/blog/animal-emotions/201608/some-dogs-prefer-praise-and-belly-rub-over-treats.
——. "Training Dogs: Food Is Fine and Your Dog Will Still Love You." *Animal Emotions* (blog). *Psychology Today*, December 31, 2016. https://www.psychologytoday.com/blog/animal-emotions/201612/training-dogs-food-is-fine-and-your-dog-will-still-love-you.
——. "Valuing Dogs More Than War Victims: Bridging the Empathy Gap." *Animal Emotions* (blog). *Psychology Today*, August 21, 2016. https://www.psychologytoday.com/blog/animal-emotions/201608/valuing-dogs-more-

war-victims-bridging-the-empathy-gap.
——. “We Don’t Know If Dogs Feel Guilt, So Stop Saying They Don’t.” *Animal Emotions* (blog). *Psychology Today*, May 22, 2016. https:// www. psychologytoday.com/us/blog/animal-emotions/201605/we-dont-know-if-dogs-feel-guilt-so-stop-saying-they-dont.
——. “What’s Happening When Dogs Play Tug-of-War?: Dog Park Chatter.” *Animal Emotions* (blog). *Psychology Today*, May 6, 2016. https://www. psychologytoday.com/us/blog/animal-emotions/201605/whats-happening-when-dogs-play-tug-war-dog-park-chatter.
——. “Why Dogs Belong Off-Leash: It’s Win-Win for All.” *Animal Emotions* (blog). *Psychology Today*, May 25, 2016. https://www.psychologytoday.com/us/ blog/animal-emotions/201605/why-dogs-belong-leash-its-win-win-all.
——. *Why Dogs Hump and Bees Get Depressed: The Fascinating Science of Animal Intelligence, Emotions, Friendship, and Conservation*. No- vato, CA: New World Library, 2014.
——. “Why People Buy Dogs Who They Know Will Suffer and Die Young.” *Animal Emotions* (blog). *Psychology Today*, February 25, 2017. https://www. psychologytoday.com/us/blog/animal-emotions/201702/why-people-buy-dogs-who-they-know-will-suffer-and-die-young.
Bekoff, Marc, and Carron Meaney. “Interactions among Dogs, People, and the Environment in Boulder, Colorado: A Case Study.” *Anthrozoös* 10 (1997): 23–31. http://www.aldog.org/wp-content/uploads/2011/04/bekoff-meaney-1997-dogs.pdf.
Bekoff, Marc, and Jessica Pierce. *The Animals’ Agenda: Freedom, Compassion, and Coexistence in the Human Age*. Boston: Beacon Press, 2017.
——. *Wild Justice: The Moral Lives of Animals*. Chicago: University of Chicago Press, 2009.
Ben-Aderet, Tobey, Mario Gallego-Abenza, David Reby, and Nicolas Mathevon. “Dog-Directed Speech: Why Do We Use It and Do Dogs Pay Attention to It?” *Proceedings of the Royal Society* B 284 (Jan- uary 11, 2017). http://rspb. royalsocietypublishing.org/content/284/1846/20162429.
Berns, Gregory. *How Dogs Love Us: A Neuroscientist and His Adopted Dog Decode the Canine Brain*. Boston: New Harvest, 2013.
——. What It’s Like to Be a Dog. New York: Basic Books, 2017.
Berns, Gregory, Andrew Brooks, and Mark Spivak. “Scent of the Familiar: An fMRI Study of Canine Brain Responses to Familiar and Unfamil- iar Human and Dog Odors.” *Behavioural Processes* 110 (2015): 37–46. http://www. sciencedirect.com/science/article/pii/s0376635714000473.
Bonanni, Roberto, Simona Cafazzo, Arianna Abis, Emanuela Barillari, Paola Valsecchi, and Eugenia Natoli. “Age-Graded Dominance Hierarchies and Social Tolerance in Packs of Free-Ranging Dogs.” *Behavioral Ecology* (2017):

1004–20. https://academic.oup.com/beheco/article/28/4/1004/3743771.
Bonanni, Roberto, Eugenia Natoli, Simona Cafazzo, and Paola Valsecchi. "Free-Ranging Dogs Assess the Quantity of Opponents in Intergroup Conflicts." *Animal Cognition* 14 (2011): 103–15. http://link.springer.com/article/10.1007/s10071-010-0348-3.
Bonanni, Roberto, Paola Valsecchi, and Eugenia Natoli. "Pattern of Individual Participation and Cheating in Conflicts between Groups of Free-Ranging Dogs." *Animal Behaviour* 79 (2010): 957–68. http://www.sciencedirect.com/science/article/pii/s0003347210000382.
Bradshaw, John. *Dog Sense: How the New Science of Dog Behavior Can Make You a Better Friend to Your Pet*. New York: Basic Books, 2014.
Bradshaw, John, and Nicola Rooney. "Dog Social Behavior and Communication." In *The Domestic Dog: Its Evolution, Behavior and Interactions with People*, edited by James Serpell, 133–59. New York: Cambridge University Press, 2017.
Brandow, Michael. *A Matter of Breeding: A Biting History of Pedigree Dogs and How the Quest for Status Has Harmed Man' s Best Friend*. Boston: Beacon Press, 2015.
Briggs, Helen. "Cats May Be as Intelligent as Dogs, Say Scientists." *BBC News*, January 25, 2017. https://www.bbc.com/news/science-environment-38665057.
Brophey, Kim. *Meet Your Dog*. San Francisco: Chronicle Books, 2018. Brulliard, Karin. "In a First, Alaska Divorce Courts Will Now Treat Pets More Like Children." *Animalia* (blog). *Washington Post*, January 24, 2017. https://www.washingtonpost.com/news/animalia/wp/2017/01/24/in-a-first-alaska-divorce-courts-will-now-treat-pets-more-like-children/?utm_term=.1ab12e0738a1.
Burghardt, Gordon. *The Genesis of Animal Play: Testing the Limits*. Cambridge, MA: Bradford Books, 2005.
Byosiere, Sarah-Elizabeth, Julia Espinosa, and Barbara Smuts. "Investigating the Function of Play Bows in Adult Pet Dogs (*Canis lupus familiaris*)." *Behavioural Processes* 125 (2016): 106–13. https://www.researchgate.net/publication/295898387_investigating_the_function_of_play_bows_in_adult_pet_dogs_canis_lupus_familiaris.
Cafazzo, Simona, Eugenia Natoli, and Paola Valsecchi. "Scent-Marking Behaviour in a Pack of Free-Ranging Domestic Dogs." *Ethology* 118 (2012): 955–66. https://onlinelibrary.wiley.com/doi/abs/10.1111/j.1439-0310.2012.02088.x.
Carlos, Naia. "Even Dogs Have Gotten into the Plastic Surgery Craze with Botox, Nose Jobs, and More." *Nature World News*, March 22, 2017. http://www.natureworldnews.com/articles/36610/20170322/even-dogs-gotten-plastic-surgery-craze-botox-nose-jobs-more.htm.

——. "True Best Friends: Dogs, Humans Mirror Each Other's Personality." *Nature World News*, February 10, 2017. https://www.natureworld news.com/articles/35563/20170210/true-best-friends-dogs-humans-mirror-each-others-personality.htm.

Case, Linda. *Dog Smart*. Mahomet, IL: AutumnGold Publishing, 2018.

Cavalier, Darlene, and Eric Kennedy. *The Rightful Place of Science: CitizenScience*. Tempe, AZ: Consortium for Science, Policy & Outcomes, 2016.

Chan, Melissa. "The Mysterious History behind Humanity's Love of Dogs." *Time*, August 25, 2016. http://time.com/4459684/national-dog-day-history-domestic-dogs-wolves.

Cherney, Elyssa. "Orange-Osceola State Attorney Creates Animal Cruelty Unit." *Orlando Sentinel*, July 29, 2016. http://www.orlandosentinel.com/news/os-state-attorney-specialty-unit-20160729-story.html. "Clever Dog Steals Treats from Kitchen Counter." YouTube video, 1:52. Posted by "Poke My Heart." June 14, 2012. https://www.youtube.com/watch?v=xybbymuyfwq.

Cook, Gareth. "Inside the Dog Mind." *Mind* (blog). *Scientific American*, May 1, 2013. http://www.scientificamerican.com/article/inside-the-dog-mind.

Cook, Peter, Ashley Prichard, Mark Spivak, and Gregory S. Berns. "Awake Canine fMRI Predicts Dogs' Preference for Praise versus Food." *Social Cognitive and Affective Neuroscience* 11, no. 12 (2016): 1853–62. https://doi.org/10.1093/scan/nsw102.

Coren, Stanley. "Are There Behavior Changes When Dogs Are Spayed or Neutered?" *Canine Corner* (blog). *Psychology Today*, February 22, 2017. https://www.psychologytoday.com/blog/canine-corner/201702/are-there-behavior-changes-when-dogs-are-spayed-or-neutered.

——. "A Designer Dog-Maker Regrets His Creation." *Canine Corner* (blog). *Psychology Today*, April 1, 2014. https://www.psychologytoday.com/blog/canine-corner/201404/designer-dog-maker-regrets-his-creation.

——. "Do Dogs Have a Sense of Humor?" *Canine Corner* (blog). *Psychology Today*, December 17, 2015. https://www.psychologytoday.com/blog/canine-corner/201512/do-dogs-have-sense-humor.

——. *How Dogs Think: What the World Looks Like to Them and Why They Act the Way They Do*. New York: Atria Books, 2005.

——. "Long Tails Versus Short Tails and Canine Communication." *Canine Corner* (blog). *Psychology Today*, February 1, 2012. https://www.psychologytoday.com/blog/canine-corner/201202/long-tails-versus-short-tails-and-canine-communication.

——. "Understanding the Nature of Dog Intelligence." *Canine Corner* (blog). *Psychology Today*, February 16, 2016. https://www.psychology today.com/blog/canine-corner/201602/understanding-the-nature-dog-intelligence.

——. "What Are Dogs Trying to Say When They Bark?" *Canine Corner* (blog).

Psychology Today, March 15, 2011. https://www.psychologytoday.com/blog/canine-corner/201103/what-are-dogs-trying-say-when-they-bark.

——. "What a Wagging Dog Tail Really Means: New Scientific Data." *Canine Corner* (blog). *Psychology Today*, December 5, 2011.https://www.psychologytoday.com/blog/canine-corner/201112/what-wagging-dog-tail-really-means-new-scientific-data.

——. *The Wisdom of Dogs*. N.p.: Blue Terrier Press, 2014.

Dahl, Melissa. "What Does a Dog See in a Mirror?" *Science of Us* (blog). *New York*, May 23, 2016. http://nymag.com/scienceofus/2016/05/what-does-your-dog-see-when-he-looks-in-the-mirror.html.

Davis, Nicola. "Puppies' Response to Speech Could Shed Light on Baby-Talk, Suggests Study." *Guardian*, January 10, 2017. https://www.theguardian.com/science/2017/jan/11/puppies-response-to-speech-could-shed-light-on-baby-talk-suggests-study.

Derr, Mark. *Dog' s Best Friend: Annals of the Dog-Human Relationship*. Chicago: University of Chicago Press, 2004.

——. *How the Dog Became the Dog: From Wolves to Our Best Friends*. New York: Overlook Press, 2011.

——. "What Do Those Barks Mean? To Dogs, It's All Just Talk." *New York Times*, April 24, 2001. http://www.nytimes.com/2001/04/24/science/what-do-those-barks-mean-to-dogs-it-s-all-just-talk.html.

Dodman, Nicholas. *Pets on the Couch: Neurotic Dogs, Compulsive Cats, Anxious Birds, and the New Science of Animal Psychiatry*. New York: Atria Books, 2016.

"Dogs Share Food with Other Dogs Even in Complex Situations." *Science Daily*, January 27, 2017. https://www.sciencedaily.com/releases/2017/01/170127112954.htm.

Donaldson, Jean. *Fight!: A Practical Guide to the Treatment of Dog-Dog Aggression*. N.p.: Direct Book Service, 2002.

——. Train Your Dog Like a Pro. New York: Howell Book House, 2010.

Dunbar, Ian. *Before and After Getting Your Puppy*. Novato, CA: New World Library, 2004.

El Nasser, Haya. "Fastest-Growing Urban Parks Are for the Dogs." *USA Today*, December 8, 2011. http://usatoday30.usatoday.com/news/nation/story/2011-12-07/dog-parks/51715340/1.

Fagen, Robert. *Animal Play Behavior*. New York: Oxford University Press, 1981.

Fallon, Melissa, and Vickie Davenport. *Babies, Kids and Dogs*. United Kingdom: Veloce Publishing, 2016.

Farricelli, Adrienne. "Does Human Perfume Affect Dogs?" Cuteness. https://www.cuteness.com/blog/content/does-human-perfume-affect-dogs.

Feddersen-Petersen, and Dorit Urd. "Vocalization of European Wolves

(*Canis lupus lupus L.*) and Various Dog Breeds (*Canis lupus f. fam.*)." *Archiv für Tierzucht* 43 (2000): 387–97. https://www.arch-anim-breed.net/43/387/2000/aab-43-387-2000.pdf.

Feuerbacher, E. N., and C. D. Wynne. "Most Domestic Dogs (*Canis lupus familiaris*) Prefer Food to Petting: Population, Context, and Schedule Effects in Concurrent Choice." *Journal of the Experimental Analysis of Behavior* 101 (2014): 385–405. https://www.ncbi.nlm.nih.gov/pubmed/24643871.

Fox, Michael W. *Behaviour of Wolves, Dogs, and Related Canids*. New York: Harper & Row, 1972.

——. *Integrative Development of Brain and Behavior in the Dog*. Chicago: University of Chicago Press, 1971.

Fugazza, Claudia, Ákos Pogány, and Ádám Miklósi. "Recall of Others' Actions after Incidental Encoding Reveals Episodic-like Memory in Dogs." *Current Biology* 26 (2016): 3209–13. http://dx.doi.org/10.1016/j.cub.2016.09.057.

Fukuzawa, Megumi, and Ayano Hashi. "Can We Estimate Dogs' Recognition of Objects in Mirrors from Their Behavior and Response Time?" *Journal of Veterinary Behavior* 17 (2017): 1–5. http://dx.doi.org/10.1016/j.jveb.2016.10.008.

Gatti, Roberto Cazzolla. "Self-Consciousness: Beyond the Looking-Glass and What Dogs Found There." *Ethology Ecology and Evolution* 28 (2016): 232–40. https://www.tandfonline.com/doi/full/10.1080/03949370.2015.1102777.

Gaunet, F., E. Pari-Perrin, and G. Bernardin. "Description of Dogs and Owners in Outdoor Built-Up Areas and Their More-Than-Human Issues." *Environmental Management* 54, no. 3 (2014): 383–401. doi:10.1007/s00267-014-0297-8.

Gayomali, Chris. "Dogs Might Poop in Line with the Earth's Magnetic Field." The Week, January 2, 2014. http://theweek.com/articles/453642/dogs-might-poop-line-earths-magnetic-field.

Geggel, Laura. "Anxiety May Give Dogs Gray Hair." *Live Science*, December 19, 2016. http://www.livescience.com/57254-anxiety-may-give-dogs-gray-hair.html.

Gill, Victoria, and Jonathan Webb. "Dogs 'Can Tell Difference between Happy and Angry Faces.'" *BBC News*, February 12, 2015. http://www.bbc.com/news/science-environment-31384525.

Gough, William, and Betty McGuire. "Urinary Posture and Motor Laterality in Dogs (*Canis lupus familiaris*) at Two Shelters." Applied Animal Behaviour Science 168 (2015): 61–70. http://www.appliedanimal behaviour.com/article/s0168-1591(15)00120-3/abstract?cc=y=.

Griffin, Donald. *The Question of Animal Awareness*. 1976. Reprint, New York: Rockefeller University Press, 1981.

Griffiths, Sarah. "Dogs Snub People Who Are Mean to Their Owners and Even Reject Their Treats." *Daily Mail*, June 13, 2015. http://www.dailymail.co.uk/

sciencetech/article-3121280/dogs-snub-people-mean-owners-reject-treats.html.
Grimm, David. *Citizen Canine: Our Evolving Relationship with Cats and Dogs*. New York: PublicAffairs, 2014.
Grossman, Anna Jane. "All Dog, No Bark: The Pitfalls of Devocalization Surgery." *The Blog* (blog). *HuffPost*, November 20, 2012. http://www.huffingtonpost.com/anna-jane-grossman/debarking_b_2160971.html.
Gruen, Lori, ed. *The Ethics of Captivity*. New York: Oxford University Press, 2014.
Hallgren, Anders. *Ethics and Ethology for a Happy Dog*. Richmond, UK: Cadmos Publishing Limited, 2015.
Handelman, Barbara. *Canine Behavior: A Photo Illustrated Handbook*. Wenatchee, WA: Dogwise Publishing, 2008.
Hare, Brian, and Vanessa Woods. *The Genius of Dogs: How Dogs Are Smarter Than You Think*. New York: Plume, 2013.
Harris, Christine, and Caroline Prouvost. "Jealousy in Dogs." *PLOS One* 9, no. 7 (2014). http://journals.plos.org/plosone/article?id=10.1371/journal.pone.0094597.
Hathaway, Bill. "Dogs Ignore Bad Advice That Humans Follow." *YaleNews*, September 26, 2016. http://news.yale.edu/2016/09/26/dogs-ignore-bad-advice-humans-follow.
Hecht, Julie. "Dog Speak: The Sounds of Dogs." *The Bark* 73 (Spring 2013). http://thebark.com/content/dog-speak-sounds-dogs.
——. "Why Do Dogs Roll Over During Play?" *Dog Spies* (blog). *Scientific American*, January 9, 2015. http://blogs.scientificamerican.com/dog-spies/why-do-dogs-roll-over-during-play.
Hekman, Jessica. "Understanding Canine Social Hierarchies." *The Bark* 84 (Winter 2015). http://thebark.com/content/understanding-canine-social-hierarchies.
Hirskyj-Douglas, Ilyena. "Here's What Dogs See When They Watch Television." The Conversation, September 8, 2016. https://theconversation.com/heres-what-dogs-see-when-they-watch-television-65000.
Horowitz, Alexandra. "Attention to Attention in Domestic Dog (*Canis familiaris*) Dyadic Play." *Animal Cognition* 12, no. 1 (2009): 107–18.
——. *Being a Dog: Following the Dog into a World of Smell*. New York: Scribner, 2016.
——. "Disambiguating the 'Guilty Look': Salient Prompts to a Familiar Dog Behavior." *Behavioural Processes* 81, (2009): 447–52.
——, ed. *Domestic Dog Cognition and Behavior: The Scientific Study of Canis familiaris*. New York: Springer, 2014.
Horowitz, Alexandra, and Marc Bekoff. "Naturalizing Anthropomorphism: Behavioral Prompts to Our Humanizing of Animals." *Anthrozoös* 20 (2007): 23–35.

Horwitz, Debra F., J. Ciribassi, and Steve Dale, eds. *Decoding Your Dog: The Ultimate Experts Explain Common Dog Behaviors and Reveal How to Prevent or Change Unwanted Ones*. Boston: Houghton Mifflin Harcourt, 2014.

Howard, Jacqueline. "Here's More Proof That Dogs Can Totally Read Our Facial Expressions." *HuffPost*, February 13, 2015. http://www.huffingtonpost.com/2015/02/13/dogs-read-faces-study-video_n_6672422.html.

Hrala, Josh. "Your Dog Doesn't Trust You When You're Angry, Study Finds." *Science Alert*. May 24, 2016. http://www.sciencealert.com/your-dog-doesn-t-trust-you-when-you-re-angry-study-finds.

Huber, Ludwig. "How Dogs Perceive and Understand Us." *Current Directions in Psychological Science* 25, no. 5 (2016). http://journals.sagepub.com/doi/abs/10.1177/0963721416656329.

Irvine, Leslie. *If You Tame Me: Understanding Our Connection with Animals*. Philadelphia: Temple University Press, 2004.

Johnson, Rebecca, Alan Beck, and Sandra McCune, eds. *The Health Benefits of Dog Walking for People and Pets: Evidence and Case Studies*. West Lafayette, IN: Purdue University Press, 2011.

Kaminski, Juliane, and Sarah Marshall-Pescini, eds. *The Social Dog: Behavior and Cognition*. New York: Academic Press, 2014.

Kaminski, Juliane, and Marie Nitzschner."Do Dogs Get the Point?: A Review of Dog–Human Communication Ability." *Learning and Motivation* 44 (2013): 294–302. http://www.sciencedirect.com/science/article/pii/s0023969013000325.

Käufer, Mechtild. *Canine Play Behavior: The Science of Dogs at Play*. Wenatchee, WA: Dogwise Publishing, 2014.

King, Camille, Thomas J. Smith, Temple Grandin, and Peter Borchelt. "Anxiety and Impulsivity: Factors Associated with Premature Gray- ing in Young Dogs." *Applied Animal Behaviour Science* 185 (2016): 78–85. http://www.appliedanimalbehaviour.com/article/s0168-1591 (16)30277-5/abstract?cc=y=.

Klonsky, Jane Sobel. *Unconditional: Older Dogs, Deeper Love*. Washington, DC: National Geographic, 2016.

Krulik, Tracy. "Dogs and Dominance: Let's Change the Conversation." *Dogz and Their Peoplez* (blog), January 18, 2017. http://dogzandtheir peoplez.com/2017/01/18/dogs-and-dominance-lets-change-the-conversation.

——. "Dominance and Dogs: The Push-ups Challenge." *Dogz and Their Peoplez* (blog), January 16, 2017. http://dogzandtheirpeoplez.com/2017/01/16/dominance-and-dogs-the-push-ups-challenge.

——. "Are Dogs Really Eager to Please?" *The Bark* 88 (Winter 2016), 39–42, per thebark.com.

Kuroshima, Hika, Yukari Nabeoka, Yusuke Hori, Hitomi Chijiiwa, and Kazuo Fujita.

"Experience Matters: Dogs (*Canis familiaris*) Infer Physical Properties of Objects from Movement Clues." Behavioural Processes 136 (2017): 54–58. http://www.sciencedirect.com/science/article/pii/s037663571630208x.

"Learning to Speak Dog Part 4: Reading a Dog's Body." *Tails from the Lab* (blog). August 29, 2012. http://www.tailsfromthelab.com/2012/08/29/learning-to-speak-dog-part-4-reading-a-dogs-body.

Lewis, Susan. "The Meaning of Dog Barks." NOVA, October 28, 2010. http://www.pbs.org/wgbh/nova/nature/meaning-dog-barks.html.

London, Karen. "Should We Call These Canine Behaviors Calming Signals?" *The Bark*, June 2, 2017. http://thebark.com/content/should-we-call-these-canine-behaviors-calming-signals.

"A Man's Best Friend: Study Shows Dogs Can Recognize Human Emotions." *ScienceDaily*, January 12, 2016. https://www.sciencedaily.com/releases/2016/01/160112214507.htm.

Mariti, Chiara, et al. "Analysis of the Intraspecific Visual Communication in the Domestic Dog (*Canis familiaris*): A Pilot Study on the Case of Calming Signals." *Journal of Veterinary Behavior* 18 (2017): 49–55. http://www.journalvetbehavior.com/article/s1558-7878(16)30246-5/abstract.

Martino, Marissa. *Human/Canine Behavior Connection: A Better Self through Dog Training*. Boulder, CO: CreateSpace Independent Pub- lishing Platform, 2017.

McArthur, Jo-Anne. *Captive*. New York: Lantern Books, 2017.

McConnell, Patricia. *For the Love of a Dog: Understanding Emotion in You and Your Best Friend*. New York: Ballantine Books, 2009.

——. "A New Look at Play Bows." *The Other End of the Leash* (blog), March 28, 2016. http://www.patriciamcconnell.com/theotherendof theleash/a-new-look-at-play-bows.

Michaels, Linda. *Do No Harm: Dog Training and Behavior Manual*. 2017. https://gumroad.com/lindamichaels.

——. "Hierarchy of Dog Needs." Del Mar Dog Training. http://www.dogpsychologistoncall.com/hierarchy-of-dog-needs-tm.

Miklósi, Ádám. *Dog Behaviour, Evolution, and Cognition*. New York: Oxford University Press, 2016.

Miller, Pat. "5 Steps to Deal with Dog Growling." *Whole Dog Journal*, October 2009. Updated March 13, 2018. http://www.whole-dog-journal.com/issues/12_10/features/dealing-with-dog-growling_16163-1.html.

——. *Play with Your Dog*. Wenatchee, WA: Doggies Training Manual, 2008.

——. *The Power of Positive Dog Training*. Nashville, TN: Howell Book House, 2008.

Morey, Darcy. *Dogs: Domestication and the Development of a Social Bond*. New York: Cambridge University Press, 2010.

"Most Desirable Traits in Dogs for Potential Adopters." *ScienceDaily*, November 3, 2016. https://www.sciencedaily.com/releases/2016/11/161103151956.htm.

Müller, Corsin A., Kira Schmitt, Anjuli L. A. Barber, and Ludwig Huber. "Dogs Can Discriminate Emotional Expressions of Human Faces." *Current Biology* 25, no. 5 (March 2015): 601–5. http://www.cell.com/current-biology/abstract/s0960-9822(14)01693-5.

Nagasawa, Miho, Emi Kawai, Kazutaka Mogi, and Takefumi Kikusui. "Dogs Show Left Facial Lateralization upon Reunion with Their Owners." *Behavioural Processes* 98 (2013): 112–16. http://www.science direct.com/science/article/pii/s0376635713001101.

Olson, Marie-Louise. "Dogs Have Feelings Too!: Neuroscientist Reveals Research That Our Canine Friends Have Emotions Just Like Us." *Daily Mail*, October 6, 2013. http://www.dailymail.co.uk/news/article-2447991/dogs-feelings-neuroscientist-reveals-research-canine-friends-emotions-just-like-us.html#ixzz4ghizfcad.

Overall, Christine, ed. *Pets and People: The Ethics of Our Relationships with Companion Animals*. New York: Oxford University Press, 2017.

Overall, Karen. *Manual of Clinical Behavioral Medicine for Dogs and Cats*. St. Louis: Elsevier Mosby, 2013.

Pachniewska, Amanda. "List of Animals That Have Passed the Mirror Test." *Animal Cognition*, April 15, 2015. http://www.animalcognition.org/2015/04/15/list-of-animals-that-have-passed-the-mirror-test.

Palagi, Elisabetta, Velia Nicotra, and Giada Cordoni. "Rapid Mimicry and Emotional Contagion in Domestic Dogs." *Royal Society Open Science*, December 2015. http://rsos.royalsocietypublishing.org/content/2/12/150505.

Pangal, Sindhoor. "Lives of Streeties: A Study on the Activity Budget of Free-Ranging Dogs." *IAABC Journal*, Winter 2017. https://winter2017.iaabcjournal.org/lives-of-streeties-a-study-on-the-activity-budget-of-free-ranging-dogs.

Paxton, David. *Why It' s OK to Talk to Your Dog: Co-Evolution of People and Dogs*. N.p.: printed by author, 2011.

Payne, Elyssa M., Pauleen C. Bennett, and Paul D. McGreevy. "DogTube: An Examination of Dogmanship Online." *Journal of Veterinary Behavior* 17 (2017): 50–61. http://www.journalvetbehavior.com/article/s1558-7878(16)30167-8/abstract.

Pellis, Sergio, and Vivien Pellis. *The Playful Brain: Venturing to the Limits of Neuroscience*. London: Oneworld Publications, 2010.

Penkowa, Milena. *Dogs and Human Health: The New Science of Dog Therapy and Therapy Dogs*. Bloomington, IN: Balboa Press, 2015.

Petty, Michael. *Dr. Petty' s Pain Relief for Dogs: The Complete Medical and*

Integrative Guide to Treating Pain. Woodstock, VT: Countryman Press, 2016.
Pierce, Jessica. "Deciding When a Pet Has Suffered Enough." *Sunday Review* (opinion). *New York Times*, September 22, 2012. http://www.nytimes.com/2012/09/23/opinion/sunday/deciding-when-a-pet-has-suffered-enough.html.
——. "Is Your Dog in Pain?" *All Dogs Go to Heaven* (blog). *Psychology Today*, February 3, 2016. https://www.psychologytoday.com/blog/all-dogs-go-heaven/201602/is-your-dog-in-pain.
——. "Is Your Pet Lonely and Bored?" *New York Times*, May 7, 2016.
——. *The Last Walk: Reflections on Our Pets at the End of Their Lives*. Chicago: University of Chicago Press, 2012.
——. "Not Just Walking the Dog: What a Dog Walk Can Tell Us about Our Human-Animal Relationships." *All Dogs Go to Heaven* (blog). *Psychology Today*, March 16, 2017. https://www.psychologytoday.com/blog/all-dogs-go-heaven/201703/not-just-walking-the-dog.
——. "Palliative Care for Pets." Seniors Resource Guide. November 2012. http://www.seniorsresourceguide.com/articles/art01240.html.
——. *Run, Spot, Run: The Ethics of Keeping Pets*. Chicago: University of Chicago Press, 2016.
Pierotti, Ray, and Brandy Fogg. *The First Domestication: How Wolves and Humans Coevolved*. New Haven: Yale University Press, 2017.
Pongrácz, P., C. Molnár, A. Miklósi, and V. Csányi. "Human Listeners Are Able to Classify Dog (*Canis familiaris*) Barks Recorded in Differ- ent Situations." *Journal of Comparative Psychology* 119, no. 2 (2005): 136–44. doi: 10.1037/0735-7036.119.2.136.
Quenqua, Douglas. "A Dog's Tail Wag Says a Lot, to Other Dogs." *New York Times*, October 31, 2013. http://www.nytimes.com/2013/11/05/science/a-dogs-tail-wag-can-say-a-lot.html.
Ray, C. Claiborne. "How Does One Dog Recognize Another as a Dog?" *New York Times*, February 15, 2016. http://www.nytimes.com/2016/02/16/science/how-does-one-dog-recognize-another-as-a-dog.html?_r=1.
Reid, Pamela. *Dog Insight*. Wenatchee, WA: Dogwise Publishing, 2011.
Reisner, Ilana. "The Learning Dog: A Discussion of Training Methods." In *The Domestic Dog: Its Evolution*, Behavior and Interactions with People, edited by James Serpell, 210–26. New York: Cambridge University Press, 2017.
Rian, Sian, and Helen Zuich. *No Walks? No Worries: Maintaining Wellbeing in Dogs on Restricted Exercise*. United Kingdom: Veloce Publishing, 2014.
Riley, Katherine. "Puppy Love: The Coddling of the American Pet." *The Atlantic*, May 2017. https://www.theatlantic.com/magazine/archive/2017/05/puppy-love/521442.
Rosell, Frank Narve. *Secrets of the Snout: The Dog' s Incredible Nose*. Chicago:

University of Chicago Press, 2018.
Rose-Solomon, Diane. *What to Expect When Adopting a Dog: A Guide to Successful Dog Adoption for Every Family*. N.p.: SP03 Publishing, 2016.
Rugaas, Turid. *On Talking Terms with Dogs: Calming Signals*. Wenatchee, WA: Dogwise Publishing, 2006.
Sanders, Clinton. *Understanding Dogs: Living and Working with Canine Companions*. Philadelphia: Temple University Press, 1998.
Scott, John Paul, and John Fuller. G*enetics and the Social Behavior of the Dog*. 1965. Reprint, Chicago: University of Chicago Press, 1998.
Scully, Marisa. "The Westminster Dog Show Fails the Animals It Profits From: Here's Why." *Guardian*, February 16, 2017. https://www.theguardian.com/sport/2017/feb/16/the-westminster-dog-show-fails-the-animals-it-profits-from-heres-why.
Serpell, James. "Creatures of the Unconscious: Companion Animals as Mediators." In *Companion Animals and Us: Exploring the Rela- tionships between People and Pets*, edited by Anthony Podberscek, Elizabeth Paul, and James Serpell, 108–21. New York: Cambridge University Press, 2005.
——, ed. *The Domestic Dog: Its Evolution, Behavior and Interactions with People*. New York: Cambridge University Press, 2017.
Shyan, Melissa R., Kristina A. Fortune, and Christine King. "'Bark Parks': A Study on Interdog Aggression in a Limited-Control Environment." *Journal of Applied Animal Welfare Science* 6, no. 1 (2003): 25–32. http://freshairtraining.com/pdfs/barkparks.pdf.
Siler, Wes. "Why Dogs Belong Off-Leash in the Outdoors." *Outside*, May 24, 2016. http://www.outsideonline.com/2082546/why-dogs-belong-leash-outdoors.
Smuts, Barbara, Erika Bauer, and Camille Ward. "Rollovers during Play: Complementary Perspectives." *Behavioural Processes* 116 (2015): 50–52. http://www.sciencedirect.com/science/article/pii/s0376635715001047.
Špinka, Marek, Ruth Newberry, and Marc Bekoff. "Mammalian Play: Training for the Unexpected." *Quarterly Review of Biology* 76 (2001): 141–68. https://www.ncbi.nlm.nih.gov/pubmed/11409050.
Stewart, Laughlin, et al. "Citizen Science as a New Tool in Dog Cognition Research." *PLOS One* 10, no. 9 (2015). http://journals.plos.org/plosone/article?id=10.1371/journal.pone.0135176.
Stilwell, Victoria. *The Secret Language of Dogs*. Berkeley, CA: Ten Speed Press, 2016.
Sweet, Laurel J. "Teen Files Bill to Make Vocal Surgery Illegal." *Boston Herald*, February 2, 2009. http://www.bostonherald.com/news_opinion/local_coverage/2009/02/teen_files_bill_make_vocal_surgery_illegal.
Tenzin-Dolma, Lisa. *Dog Training: The Essential Guide*. Peterborough, UK: Need2Know, 2012.

Todd, Zazie. "'Dominance' Training Deprives Dogs of Positive Experiences." *Companion Animal Psychology* (blog). February 15, 2017. http://www.companionanimalpsychology.com/2017/02/dominance-training-deprives-dogs-of.html.

——. "New Literature Review Recommends Reward-Based Training." *Companion Animal Psychology* (blog). April 5, 2017. https://www.companionanimalpsychology.com/2017/04/new-literature-review-recommends-reward.html.

——. "What Is Positive Punishment in Dog Training?" *Companion AnimalPsychology* (blog), October 25, 2017. https://www.companion-animalpsychology.com/2017/10/what-is-positive-punishment-in-dog.html.

Vaira, Angelo, and Valeria Raimondi. *Un cuore felice: L' arte di giocare con il tuo cane [A Happy Heart: The Art of Playing with a Dog]*. Milan: Sperling & Kupfer, 2016.

Valeri, Robin Maria. "Tails of Laughter: A Pilot Study Examining the Relationship between Companion Animal Guardianship (Pet Ownership) and Laughter." *Society and Animals* 14, no. 3 (2006): 275–93. http://www.animalsandsociety.org/wp-content/uploads/2016/04/valeri.pdf.

Vollmer, Peter. "Do Mischievous Dogs Reveal Their 'Guilt'?" *Veterinary Medicine / Small Animal Clinician* (June 1977): 1002–5.

Ward, Camille, Rebecca Trisko, and Barbara Smuts. "Third-Party Interventions in Dyadic Play between Littermates of Domestic Dogs, *Canis lupus familiaris*." *Animal Behaviour* 78 (2009): 1153–60. http://pawsoflife-org.k9handleracademy.com/library/behavior/ward_2009.pdf.

Warden, C. J., and L. H. Warner. "The Sensory Capacities and Intelligence of Dogs, with a Report on the Ability of the Noted Dog 'Fellow' to Respond to Verbal Stimuli." *Quarterly Review of Biology* 3 (1928): 1–28. http://www.journals.uchicago.edu/doi/abs/10.1086/394292.

Wild, Karen. *Being a Dog*. Buffalo, NY: Firefly Books, 2016.

Wogan, Lisa. *Dog Park Wisdom: Real-World Advice on Choosing, Caring For, and Understanding Your Canine Companion*. Seattle: Skipstone Press, 2008.

Yin, Sophia. *How to Behave so Your Dog Behaves*. Neptune, NJ: THF Publications, 2010.

York, Tripp. *The End of Captivity? A Primate' s Reflections on Zoos, Conservation, and Christian Ethics*. Eugene, OR: Cascade Books, 2015.

Ziv, Gal. "The Effects of Using Aversive Training Methods in Dogs: A Review." *Journal of Veterinary Behavior* 19 (2017): 50–60. http://www.journalvetbehavior.com/article/s1558-7878(17)30035-7/abstract.

Zulch, Helen, and Daniel Mills. *Life Skills for Puppies*. United Kingdom: Veloce Publishing, 2012.

就讓狗狗做自己
Unleashing Your Dog

作　者　馬克 · 貝考夫 (Marc Bekoff)
　　　　潔西卡 · 皮爾斯 (Jessica Pierce)
發行人　許朝訓
譯　者　李喬萌
總監製　許朝訓
編　輯　范姜小芳
美　術　范姜小芳
初　版　2021 年 7 月
出　版　正向思維藝術有限公司
　　　　台北市中正區北平東路 30-1 號 4 樓
　　　　(02)29081805
　　　　www.p-thinking.com.tw

就讓狗狗做自己：一本教你如何給狗兒最佳生活的實務指南
馬克 . 貝考夫 (Marc Bekoff), 潔西卡 . 皮爾斯 (Jessica Pierce) 合著；李喬萌譯
-- 初版 . -- 臺北市：正向思維藝術有限公司 , 2021.07
面；　公分
譯自：Unleashing your dog : a field guide to giving your canine companion the best life possible.
ISBN　978-986-94007-3-2(平裝)　　1. 犬　2. 寵物飼養
437.354　　110011075